わかる！
使える！

塗料入門

小林敏勝 ［著］
Kobayashi Toshikatsu

日刊工業新聞社

【 はじめに 】

塗料産業は、近代社会の幕開けとともに誕生し、合成化学や高分子化学の発展とともに、技術的進化を遂げ、その時代の重要な機械や装置、社会インフラに塗装されてきました。塗料を塗装する目的は、被塗物をさび、腐食、風化、脆化などの劣化現象から保護し、光沢や色彩、意匠性などの美粧性を被塗物表面に付与することです。

塗装や塗膜を使う方の立場から塗料の解説をした書籍は種々ありますが、塗料を作る立場で、材料や技術を総合的に解説した書籍はあまり見掛けません。本書では、基本的かつ初歩的ですが、塗料を作る立場から、樹脂、顔料、溶剤、添加剤など各種塗料材料の機能や種類、特徴、それらの選択や組み合わせ方について平易に解説します。また、製造現場で使用される装置や作業の流れも、一通りイメージができるように心掛けました。

対象となる読者は、塗料の製造や設計に新たに関わることになった初心者ですが、塗料材料に関係する技術者や営業技術者にも参考にしていただけると考えています。

最近では、金属や金属酸化物のナノ粒子、カーボンナノチューブやグラフェン、グラファイト、フラーレンなどの炭素微粒子、セルロースナノファイバー、新規合金粒子、新規セラミック粒子などの機能性粒子が、産官学の様々な場所で研究・開発されています。このような機能性粒子に関わる技術者からは、「粒子はできたが、フィルムやパターン、デバイスにするために塗料化・インク化がしたいのに、材料や装置、方法が分からない」というような声が聞こえます。本書では、このような技術者の方々にも、基本的な「塗って、固めて、評価する」ことができるような情報を提供できるようにしています。

本書では、基本的、入門書的な事項を中心としており、実用に耐える高度な性能を持った塗料を作るための情報は含んでいません。例えば、樹脂は基本的な化学構造を挙げるにとどめ、変性樹脂や新しい硬化系、リビング重合法のような新しい合成方法などは取り上げていません。代わりに、キーワードをできるだけ多く記載しました。また、重要な部分には、参考文献・引用

文献を示しています。興味を持たれた点や、より詳細な情報が必要な点があれば、各自で情報の入手をお願いします。情報の真贋に関しては注意が必要ですが、最近ではWeb上にも多くの情報があふれています。

昨今は、塗料だけに限らず、工業製品の生産における有害原材料の採用や、有害原材料を含有したり環境負荷の大きい製品のユーザーへの提供が、化審法、化管法や安衛法などで厳格に規制されるようになっています。また、生産現場や製品の使用現場における、作業者の安全や健康に対する法的規制が厳しさを増しています。本書では、最小限ですが知っておくべき法令と、法令の対象物質がどこを見れば分かるかという情報を掲載しています。法令は年を追って改正や追加・修正されますので、アップデートは各自でお願いします。

　著者が塗料会社に入社して工場実習の時に、製造現場の工程責任者らしき人が、一通り作業手順を説明した後に、「わしらは何も作ってへんぞー。混ぜてるだけやぞー」と口にされたのを、今でも鮮明に覚えています。また、他社との打ち合わせの時に、「私ら、混ぜ屋ですから……」という枕詞の後に、主題に入るような人もよく見掛けました。一部、樹脂や顔料を合成している会社もありますが、確かに塗料作りは、外見的には多様な原材料を混ぜているだけです。

　ただし、その配合を設計する段階では、高分子化学、有機反応論、合成化学、物理化学、コロイド化学、界面化学、レオロジー、分析化学、色彩化学、感性工学、化学工学など、多様な学問領域の知見があって初めて高度な性能を持った塗料が生まれます。

　これから塗料作りを始められる方々は、上記の学問分野の知識を広く習得する必要がありますが、本書がその足掛かりになれば幸いです。

　最後に、本書を執筆する機会をご恵与賜りました、日刊工業新聞社出版局長の奥村功氏、並びに、執筆内容の構成において種々のご助言をいただきました出版局の木村文香氏に厚く御礼申し上げます。

　2018年5月　　　　　　　　　　　　　　　　　　　　　　小林 敏勝

わかる！使える！塗料入門

目　次

【第1章】
塗料を作るための基礎知識

1　塗料って何？

- 塗料の役割・**8**
- 塗装の方法・**10**
- 塗料の構成成分・**12**

2　塗料用樹脂って何？

- ポリエステル樹脂の特徴と使い方・**14**
- アクリル樹脂の特徴と使い方・**16**
- エポキシ樹脂の特徴と使い方・**18**
- メラミン樹脂の特徴と使い方・**20**
- ポリイソシアネートの特徴と使い方・**22**
- ポリウレタン樹脂の特徴と使い方・**24**
- フッ素樹脂の特徴と使い方・**26**
- シリコーン樹脂の特徴と使い方・**28**
- 樹脂の性質を示す主な指標・**30**

3　塗料用顔料って何？

- 塗料で使われる顔料とその機能・**32**
- 使う前に調べよう！顔料のこんな性質・**34**
- 堅牢な無機着色顔料・**36**
- 鮮やかな色彩の有機顔料・**38**
- カーボンブラック顔料・**40**
- キラキラ感を付与する光輝顔料・**42**
- コスト削減だけが目的ではない体質顔料・**44**
- 金属を腐食から守る防錆顔料・**46**
- 顔料の表面処理・**48**

4 塗料用溶剤はどうやって選ぶの？

- 溶解性パラメーターで溶ける・混じるを予想する・**50**
- 表面張力がぬれる・ぬれないを支配する・**52**
- 溶剤としての水の特異性・**54**

5 塗料にはどんな添加剤が使われるの？

- 塗料用添加剤の種類・**56**
- 顔料分散剤の働きと種類・**58**
- 増粘剤の働きと種類・**60**
- 表面調整剤の作用機構と使い方・**62**
- 紫外線吸収剤・光安定剤の作用機構と使い方・**64**

【第**2**章】
塗料配合の設計

1 バインダーを選ぼう

- 塗料が固まるメカニズム・**68**
- 常温で固まる１液型バインダー樹脂・**70**
- 分散した樹脂粒子が融着して固まるエマルション樹脂・**72**
- 使う前に主剤と硬化剤を混合する常温硬化の２液バインダーシステム・**74**
- 加熱して固めるバインダーシステム・**76**
- 紫外光を当てて固めるバインダーシステム・**78**
- 強靭な塗膜を作るバインダーシステム・**80**

2 ビヒクルを決めよう

- ビヒクルシステムの設計・**82**
- 弱溶剤塗料と高固形分塗料のビヒクルシステム・**84**
- 水性塗料のビヒクルシステム・**86**
- 粉体塗料のビヒクルシステム・**88**
- 塗膜の密着メカニズムとビヒクルシステム・**90**
- 溶剤の選択・**92**

3　顔料を使いこなそう

- ・顔料の粒子径と光の散乱・吸収・**94**
- ・顔料の粒子径と塗膜の隠ぺい力・光沢値・**96**
- ・顔料を分散するということ・**98**
- ・顔料分散配合設計の要点・**100**
- ・有機溶剤型塗料系での顔料分散配合設計・**102**
- ・水性塗料系での顔料分散配合設計・**104**
- ・顔料分散配合の決め方・**106**

4　法令を守ろう

- ・塗料・塗装に関係する主な法令と塗料設計・**108**
- ・SDS とラベル・**110**
- ・法規制と配合設計・**112**

【第**3**章】
塗料を作る

1　塗料の製造工程を知ろう

- ・一般的な塗料製造工程・**116**
- ・前混合工程・**118**
- ・顔料分散によく使われる分散機・**120**
- ・高粘度ミルベース用分散機（ロールミル）・**122**
- ・低粘度ミルベース用分散機（ビーズミル）・**124**
- ・パス分散と循環分散・**126**
- ・溶解工程・**128**
- ・調色作業と原色・**130**
- ・作業環境の安全確保・**132**

2　塗料の評価をしよう

- ・粘度を測ろう・**134**
- ・塗料の粘度って何？・**136**
- ・顔料分散度を評価しよう・**138**
- ・塗膜物性と長期耐久性の評価・**140**

3　塗料で生じる不良現象とその対策

- 顔料沈降と離漿・**142**
- 増　粘・**144**
- 過分散・**146**
- 色相変化・**148**
- 色むら・**150**
- 異物ハジキ・**152**

コラム

- 溶解性パラメーターも表面張力も起源は同じ分子間の凝集エネルギー・**66**
- 子規の俳句と日本古来の塗料・**114**
- 金属調塗装の進化・**154**

- 参考文献・引用文献・**155**
- 索　引・**157**

【 第 **1** 章 】

塗料を作るための基礎知識

【1 塗料って何？

塗料の役割

　塗料というと、あの「ペンキ塗りたて。注意！」の貼り紙と、うっかり触ってしまった時のベタベタとした感触を思い出すのではないでしょうか。ちなみに、ペンキというのはオランダ語のpekが語源で英語ではpaintです。

　皆さんが通常、目にする機会の多い塗料は、ホームセンターなどで売られている缶に入ったドロドロとした液体や、エアゾールタイプのものだと思います。エアゾールタイプの塗料は缶に入っているものより、幾分サラサラした液体ですが、どちらも見た目ではインクや絵の具とさほど大きな違いは感じませんし、実際に成分もよく似ています。違うのは使用される時の役割（機能）です。

❶保護と美観

　塗料の機能は古くから「保護と美観」と呼ばれています。塗料は塗られた物（被塗物）がさびや腐食、紫外線、風化、などによって劣化することを防止します。この作用を「保護」と呼びます。また、塗料は被塗物の表面に色や艶、光輝感などを付けることで、見た目を美しくします。この作用を「美観」の付与と言います。つまり、塗料はそれだけが単独で機能を発現するのではなく、自動車や家電製品、船、橋梁、家、ビルディングなどいろいろな機能を持つ製品に塗装され、被塗物を劣化環境から保護し、見た目の美しさを付与することで初めて役に立ちます。

　一方、インクや絵の具は、そのもので描かれた字や絵、パターンが、情報の伝達や感情の表現などの機能を直接果たします。塗料が被塗物の広い部分に均一で一様に塗布されるのに対し、インクや絵の具は基材の一部分だけに線や模様、像を印すというところも基本的な違いです。

　被塗物の材質の違いによって使用される塗料は様々ですが、付与する美観についてはおおむね共通しています。一方、保護に関しては基材によって対象とする劣化要因が異なります。**表1-1**に被塗物の材質と劣化現象および劣化の要因を示します。塗料は、これらの劣化要因が被塗物と直接接触するのを防止したり、被塗物表面に到達する量や速度を抑制します。

第1章 塗料を作るための基礎知識

❷機能性塗料の機能

　最近では、「保護と美観」の基本的な機能に加えて、新しい別の機能を付加した塗料が登場しています。これらは総称して機能性塗料と呼ばれています。表1-2にこれまでに商品化された（開発中を含む）機能性塗料について、付加された機能を示します。これらの塗料は、例えば「耐熱塗料」のように付加された機能を表す言葉に「塗料」を付けて呼びます。

表 1-1 　被塗物の劣化現象と劣化要因

被塗物（基材）	劣化現象	劣化要因
金属	酸化（さび、腐食）	水、酸素 腐食物（塩素イオン、酸、アルカリ）
コンクリート モルタル セメント 石材	アルカリ骨材反応 凍害 中性化（鉄筋の腐食） 塩害（鉄筋の腐食）	水、二酸化炭素
木材	腐食	菌、虫、紫外線、風雨
プラスチック	脆化、白化	紫外線

表 1-2 　機能性塗料に付加される保護と美観以外の機能

機能分類		機能名称
熱的機能	熱に対して特別に作用する性質	耐熱、遮熱、耐火
機械的機能	高強度、高剛性など、荷重（外）力に対する材料力学的性質	表面硬化（ハードコート）、耐擦傷性、潤滑、防滑、自己治癒性（セルフヒーリング）
電気的機能	電気や磁気に対して特別に作用する性質	絶縁、導電、透明導電、帯電防止、電磁波吸収・シールド
光学的機能	光に対して特別な応答をする性質	蛍光、蓄光、再帰反射（道路標示）
生態機能	生態との親和性を制御する性質	防汚、抗菌、防カビ、防藻、防腐、防虫、ソフト感覚
表面エネルギー的機能	表面へのぬれ性、吸着性、接着性、粘着性、非粘着性、	非粘着、ストリッパブル、着氷・着雪防止、撥水・撥油、落書き・貼紙防止
分離機能	混合気体や液体から必要な成分を分離する性質	消臭、ガスバリアー、透湿・防水性

要点 ノート

塗料の機能は被塗物を劣化から保護し、色彩や艶などの美観を付与することです。保護と美観以外の機能を併せ持つ塗料は機能性塗料と呼ばれます。

〔1〕 塗料って何？

塗装の方法

　塗装の方法は、目標とする膜厚と塗装面積、被塗物の状態や形態で決まります。建造物など移動させることのできないものは「現場塗装」、大きさや形状の揃った工業製品などは工場での「ライン塗装」が適しています。一般論ですが、厚い塗膜を得るには、溶剤含有量が少なくて粘度の高い塗料に適応した塗装機を用います。

　表1-3に現在実用化されている塗装方法の概略と適用可能な塗料の粘度を示します。各種塗装方法の詳細については他の成書[1]、[2] を参照ください。

　「ハケ塗装」、「ローラー塗装」は現場で比較的小面積を塗装するのに適しています。大面積を塗装するにはエアスプレーやエアレススプレーなど塗料を霧吹きの要領で被塗物に吹き付ける「霧化塗装」が採用されます。エアレススプレーはエアスプレーよりも高粘度の塗料に適しています。

　いわゆるライン物と呼ばれる工業塗装の分野でも上記スプレー方式に回転霧化方式を加えた「霧化塗装」が多用されます。回転霧化塗装では比較的微細な粒子が生成されることから、自動車のような高外観を要求される塗装分野で用いられます。

　一般に霧化塗装は塗着効率（塗装工程で消費された塗料量に対する被塗物に付着した塗料の割合）が低いので、塗装機と被塗物の間に電界を印加し、塗料液滴に静電荷を付与して、被塗物に塗料液滴が到着しやすくする静電霧化塗装方式も広く利用されています。

　「カーテンフロー塗装」や「ロールコーター塗装」も工業塗装で使用されており、板状の被塗物を数m／秒の高速で塗装するのに適しています。ただし、被塗物の形状が平板状に限定され、曲面がある場合には適用できません。

　「浸漬塗装」は、例えば袋部があるなど複雑な構造、形状の被塗物に適しています。粉体塗料を浮遊させた槽に、加熱した被塗物を浸漬することで、粉体塗装にも適用可能です。

　「電着塗装」も浸漬塗装の一種ですが、槽の中で被塗物と対局となる電極の間に直流電圧を印加し、電気化学反応で塗膜を析出させます。被塗物を陰極としたカチオン電着塗装と陽極とするアニオン電着塗装があります。

10

第 1 章 塗料を作るための基礎知識

表 1-3 塗装方法

塗装方法		特徴	塗料粘度 (mPa·s)
ハケ塗装 ローラー塗装		ハケやローラーブラシを用いて、塗料を被塗物に直接、移行させる。職人の「腕」が仕上がりに影響しやすい。	300〜1000
霧化塗装	エアスプレー	スプレーガンなどを用いて、塗料を高速の空気流と衝突させることにより霧化し、被塗物に移行させる。大面積を塗布するのに適しており、平滑な塗膜が得られる。	20〜40
	エアレススプレー	比較的高粘度の塗料に10〜30 MPaの高圧を掛け小孔から噴出させる。噴出された塗料は圧力開放に伴って液滴に分裂し霧化される。一度に厚膜で塗装できる。	100〜1000
	回転霧化塗装	高速で回転する円盤もしくは円筒カップの中心部へ塗料を供給し、遠心力により薄膜化した塗料が先端部から放出される際に霧化される。	60〜150
カーテンフロー塗装		スリットから流下するカーテン状の塗料膜をコンベヤーに載せられた平板上の被塗物が通過する。秒速数mの高速塗装が可能。被塗物の形が平板状に限定される。	100〜300
ロールコーター塗装		塗料パンからピックアップロールで供給された塗料が、トランスファーロールを経由してアプリケーターロールで、平板状の被塗物に移行される。アプリケーターロールの周速方向と被塗物の搬送方向が同一のナチュラルコーターと逆のリバースコーターがある。基本的にはオフセット印刷やグラビア印刷などと同一の機構。カーテンフローコーターと同様に高速塗装が可能。	100〜300
浸漬塗装		塗料を入れた槽に被塗物を漬けて引き揚げたり、ワイヤーのような被塗物を連続的に通過させる。	2000〜10000
電着塗装		水性塗料を入れた槽に、伝導体である被塗物と対向電極を浸漬し、直流電圧を印加することにより電気化学反応で塗料を析出させる。複雑な形状の奥まった場所や袋部、端面などへの塗装が可能。	1.0〜40

　いずれの塗装方法を用いる場合でも共通することですが、塗装前の被塗物を前処理して、油、さび、異物などを取り除いておくことが重要です。また、必要に応じて、研磨や化成処理なども行います。

要点 ノート

塗装方法（塗装機）は、被塗物の形状、現場塗装かライン塗装か、塗装面積、目標膜厚などを考慮して決定します。

【1 塗料って何？

塗料の構成成分

　塗料は、樹脂、顔料、溶剤と、少量の添加剤から構成されます。塗料中と乾燥塗膜中で、これらが存在している状態のイメージを**図1-1**に示します。樹脂は溶剤に溶けていますが、顔料は溶けないで粒子状に散らばっています。この状態を「分散している」と言います。顔料の粒子径は数mm〜数十 nm程度です。塗料を塗装し、乾燥して溶剤が無くなると、塗膜と呼ばれる顔料が分散した樹脂の膜になります。顔料を含まない塗料もあり、クリアー塗料と呼びます。

　塗料の構成成分の具体例と役割を**表1-4**に示します。

❶樹脂

　樹脂にはシェラックやワックスなど天然由来のものも使用されていますが、ほとんどは合成樹脂です。多種多様な低分子の単量体（モノマー）があり、これらを化学反応でつなぎ合わせて高分子化し、合成樹脂にします。つなぎ合わせる操作を重合と言います。重合させる化学反応形式の違いで、アクリルやポリエステル、ウレタンなどと分類されます。塗料用樹脂は、単一種類のモノマーだけを用いて合成することはまれで、何種類ものモノマーを組み合わせて、膜の硬さや柔軟性、基材への密着性、硬化性など、用途に応じた塗料としての性質・性能を発現させます。また、硬化剤もしくは架橋剤と呼ばれる物質を樹脂と混合しておき、塗装の後に樹脂分子同士を結合させて塗膜を強靭にするタイプの塗料も多数存在します。塗料の性能は樹脂で決まると言っても過言ではありません。

❷顔料

　顔料は塗膜中で光を吸収したり、散乱、反射して、塗膜に色彩や意匠性を付与し、被塗物を隠ぺいします。また、塗料の比重や塗膜硬度の調整、コストダウンに寄与する体質顔料、塗膜内のpHを調整したり、腐食抑制物質を放出して金属製被塗物のさびを抑制する防錆顔料なども使用されます。

❸溶剤

　溶剤は樹脂を溶かし顔料を分散させて、均質な塗料や塗膜になるようにします。また、塗料を塗装しやすい粘度に調整し、被塗物表面に均一に塗り広げら

れるようにします。溶剤は塗装の際には必要ですが、塗装後は蒸発して大気中に放出されます。有機溶剤が多量に放出されると、大気汚染や塗装作業者の塗装環境汚染につながるので、塗料の性能はそのままで、有機溶剤の含有量を減らしたり、弱溶剤と呼ばれる毒性の低い溶剤や、無害の水への転換が進んでいます。また溶剤を全く含まない粉体塗料も開発されています。

❹添加剤

添加剤は表1-4に示した他にも多種多様なものが使用され、多くはその名称で機能が推測できます。

図1-1　塗料・塗膜中の構成成分（イメージ）

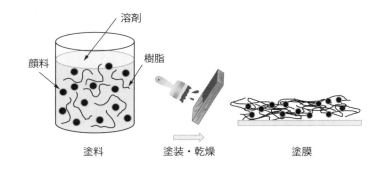

表1-4　塗料の構成成分と役割

成分	具体例	役割
樹脂	天然樹脂、ワックス、合成高分子重合体	連続膜を構成、被塗物への密着、水などの透過防止、顔料を保持
顔料	有機顔料、無機顔料、金属フレーク顔料、パールマイカ顔料、体質顔料、防錆顔料	塗膜に色彩や意匠性を付与、塗膜に基材隠ぺい性を付与、塗料の比重や塗膜硬度の調整、金属製被塗物のさびを抑制
溶剤	有機溶剤、水	樹脂を溶解もしくは分散、塗料の粘度を調整、均質な塗膜を形成
添加剤	顔料分散剤、消泡剤、表面調整剤、増粘剤、防腐剤	塗料性能（光沢、発色、光輝感など）の向上、塗料の安定性（顔料沈降、色相変化、腐敗など）の改善、塗装作業性（レベリング、霧化塗装時の微粒化など）の改善

> **要点ノート**
> 塗料の構成成分は、樹脂、顔料、溶剤と少量の各種添加剤です。

【2 塗料用樹脂って何？

ポリエステル樹脂の特徴と使い方

❶ポリエステル樹脂とは

　ポリエステル樹脂はモノマーがエステル結合でいくつもつながった（重合した）合成樹脂です。エステル結合は図1-2のように、カルボキシル基（-COOH）1個と水酸基（-OH）1個から水（H_2O）が1個取れてつながる化学反応で、水が取れる分R_1とR_2の距離が縮むので縮重合反応と呼びます。モノマーの代表例を図1-3に示します。水酸基を2つ以上持ったモノマー（水酸基モノマー）とカルボキシル基を2つ持ったモノマー（酸モノマー）が互いに反応した高分子がポリエステル樹脂です。水酸基を3個以上持つモノマーを使用すると、枝分かれした樹脂分子ができます。樹脂中に残存する水酸基やカルボキシル基の量は、それぞれ水酸基価、酸価という値（物性値）で示されます（P. 30）。

❷アルキド樹脂

　脂肪酸で変性したポリエステル樹脂をアルキド樹脂と呼びます。脂肪酸はヒマシ油やヤシ油など、主に植物油が原料です。油の量によって、多い方から長油、中油、短油アルキド樹脂と呼びます。リノール酸などの二重結合を持つ脂肪酸が多い油を用いると、二重結合を持つアルキド樹脂となります。二重結合の量はヨウ素価（P. 30）という値で示されます。塗料用ポリエステル樹脂としては、アルキド樹脂の方がむしろ歴史が古く一般的なので、油を含まない方を特にオイルフリーポリエステルと呼んで区別することがあります。

❸特徴

　図1-3のモノマーで、フタル酸のようなベンゼン環を持つモノマーやメチレン基数nが小さい直鎖型二価アルコールモノマーや脂肪族ジカルボン酸モノマーが多いと、硬い樹脂になり、逆にnが大きいと樹脂は軟らかくなります。アルキド樹脂は比較的安価で顔料分散性や光沢、耐久性も良好です。直鎖構造のオイルフリーポリエステルで比較的高分子量（数平均分子量2,000～30,000）のものは、可撓性と高硬度の両立が可能です。

　エステル結合は加水分解しやすいので、耐水性には注意が必要です。図1-3に示した水酸基モノマーで、直鎖型二価アルコールより分岐型二価アルコール

を用いた方が、耐加水分解性が良好です。

❹使い方

樹脂分子には水酸基やカルボキシル基が残存していますから、ポリイソシアネートやメラミン樹脂などの硬化剤と反応させて、丈夫な架橋塗膜を作ることができます。この用途にはオイルフリーポリエステルや短油アルキドが用いられます。

ヨウ素価が大きな長・中油アルキド樹脂は、空気酸化により常温で二重結合同士が重合して硬化するので、1液常乾塗料に用いられます（ドライヤーと呼ばれる触媒が必要です）。

図 1-2 | エステル結合

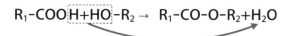

R1, R2：アルキル基、フェニル基など

図 1-3 | 代表的なポリエステル樹脂モノマー

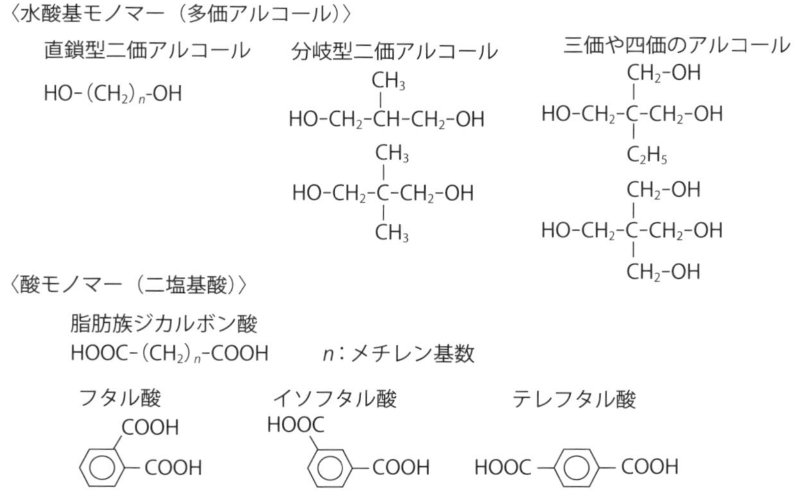

〈水酸基モノマー（多価アルコール）〉

直鎖型二価アルコール
HO-$(CH_2)_n$-OH

分岐型二価アルコール
$$HO-CH_2-\underset{\underset{H}{|}}{\overset{\overset{CH_3}{|}}{C}}-CH_2-OH$$
$$HO-CH_2-\underset{\underset{CH_3}{|}}{\overset{\overset{CH_3}{|}}{C}}-CH_2-OH$$

三価や四価のアルコール
$$HO-CH_2-\underset{\underset{C_2H_5}{|}}{\overset{\overset{CH_2-OH}{|}}{C}}-CH_2-OH$$
$$HO-CH_2-\underset{\underset{CH_2-OH}{|}}{\overset{\overset{CH_2-OH}{|}}{C}}-CH_2-OH$$

〈酸モノマー（二塩基酸）〉

脂肪族ジカルボン酸
HOOC-$(CH_2)_n$-COOH n：メチレン基数

フタル酸、イソフタル酸、テレフタル酸

要点 ノート

ポリエステル樹脂は、コスト、耐久性、硬度と可撓性の両立など、バランスの良い樹脂ですが、加水分解性（耐水性）には注意が必要です。

⟨2⟩ 塗料用樹脂って何？

アクリル樹脂の特徴と使い方

❶アクリル樹脂とは

二重結合を持つモノマーが、**図1-4**に示すラジカル重合反応でつながってできます。**図1-5**に主なモノマーの化学構造式を示しますが、この他にも多くの種類があります。（メタ）アクリル酸エステルが主にモノマーとして使用されるのでアクリル樹脂と呼ばれますが、スチレンやマレイン酸エステルなど、それ以外の二重結合を持つモノマーを含む場合もあります。繊維でアクリルと言えば主成分モノマーはアクリロニトリルですし、透明な光学用途のプラスチックではメタクリル酸メチルが主成分とおおむね決まっていますが、塗料用のアクリル樹脂は、種々のモノマーを共重合させて合成され、性質も様々です。

最近ではリビングラジカル重合法などの新しい重合技術が開発され、全ての分子量やモノマーのつながっている順番、個数を揃えることも可能になっています。

❷特徴

基本的には無色透明で、光沢、耐候性、耐水性、耐薬品性に優れています。スチレンを多く含むものは耐光性が不良で、黄変やクラックが生じることがあります。

共重合させるモノマーの組み合わせと分子量の調整で、非常にバリエーションに富んだ品種を作り分けることが可能です。

開始剤の量や重合温度などの重合条件で分子量を、側鎖のエステル基の種類によりガラス転移温度Tgや溶解性を調整できます。例えば、側鎖が炭化水素であれば、側鎖が長いほどTgは低く、SP値は小さくなり、低極性の溶剤への溶解性が増します。側鎖が同じであれば、メタクリル酸エステルの方がアクリル酸エステルよりTgは高くなります。これは、メチル基（R_1）により、図1-4で炭素原子C_2の周りの主鎖回転が制限されるためです。

❸使い方

側鎖にカルボキシル基（図1-5①、④）や水酸基（図1-5②）、エポキシ基（図1-5⑦）など二重結合以外の反応性官能基を持つモノマーを共重合させて、これらの官能基を樹脂に組み込むことができます。水酸基を持つモノマー

を共重合させた樹脂は、ポリイソシアネートを硬化剤とした2液常温硬化塗料やメラミン樹脂を硬化剤とした焼付硬化型塗料として使用されます。エポキシ基を導入すれば、ジカルボン酸やポリアミンにより硬化させることができます。

ガラス転移温度の高いものは、乾燥すると硬い塗膜となるので、ラッカータイプの熱可塑性塗料として使用されます。また、乳化重合により得られるアクリル樹脂エマルションは水性建築塗料として広く用いられています。

図 1-4 （メタ）アクリル酸系モノマーのラジカル重合反応
I:I；ラジカル重合開始剤, R_1；メチル基または水素, R_2；アルキル基など

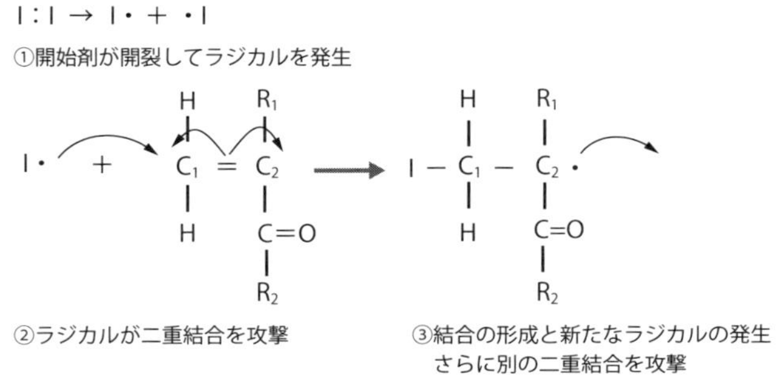

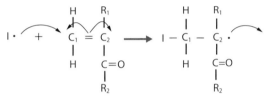

① 開始剤が開裂してラジカルを発生
② ラジカルが二重結合を攻撃
③ 結合の形成と新たなラジカルの発生
　さらに別の二重結合を攻撃

図 1-5 代表的なアクリル樹脂モノマー

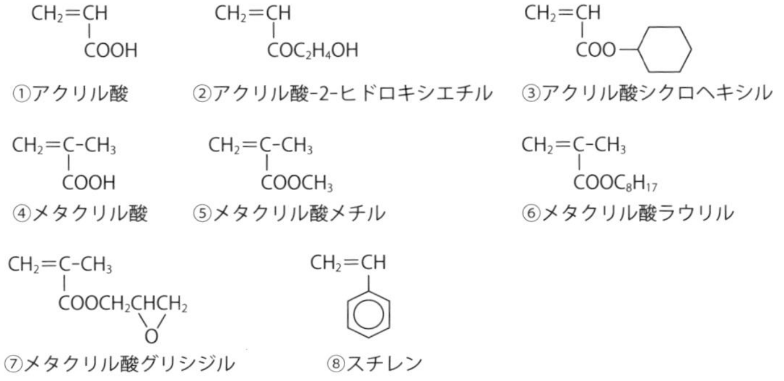

① アクリル酸　$CH_2=CH-COOH$
② アクリル酸-2-ヒドロキシエチル　$CH_2=CH-COC_2H_4OH$
③ アクリル酸シクロヘキシル　$CH_2=CH-COO-C_6H_{11}$
④ メタクリル酸　$CH_2=C(CH_3)-COOH$
⑤ メタクリル酸メチル　$CH_2=C(CH_3)-COOCH_3$
⑥ メタクリル酸ラウリル　$CH_2=C(CH_3)-COOC_8H_{17}$
⑦ メタクリル酸グリシジル　$CH_2=C(CH_3)-COOCH_2CHCH_2O$
⑧ スチレン　$CH_2=CH-C_6H_5$

> **要点ノート**
> アクリル樹脂は多種多様なモノマーをラジカル重合させて合成します。硬化剤と組み合わせて熱硬化型塗料としたり、ガラス転移温度の高いものはラッカータイプとしても使用されます。

【2 塗料用樹脂って何？

エポキシ樹脂の特徴と使い方

❶エポキシ樹脂とは

炭素原子2個と酸素原子1個が形成する三員環をオキシラン環と呼びます。オキシラン環はエポキシ基とも言い、一般にはエポキシ基を分子中に2個以上有する化合物をエポキシ樹脂と呼びます。ポリエステル樹脂やアクリル樹脂という名称は、モノマー同士の重合の仕方に由来していますが、エポキシ基という特殊な官能基を持っているのでエポキシ樹脂と呼ばれます。塗料用のエポキシ樹脂は、主に**図1-6**のビスフェノールA型エポキシ樹脂です。「ビスA」とか、ビスフェノールAとエピクロルヒドリンとの反応で得られるので「エピ-ビス」と略すこともあります。重合度（図1-6のn）は通常2～20程度です。

❷特徴

耐食性、耐薬品性、被塗物への付着性が優れており、硬度の高い被膜が得られます。絶縁材料としても優れた電気特性を示します。一方、紫外線に弱く耐候性・耐光性は不良です。また、硬度が高くて強直である反面、脆くて衝撃に弱いところがあります。

硬化反応が進むにつれて水酸基が連続的に生じます。これは他の熱硬化性樹脂には見られないエポキシ樹脂の特徴です。この水酸基は、金属表面との間で強い水素結合を形成し、金属との密着性に寄与します。

❸使い方

防食を目的とした下塗り塗料（いわゆるさび止め塗料）や耐候性が不要な缶内面塗料などに使用されます。エポキシ基を直接硬化剤と反応させて塗膜にするか、エポキシ基を利用して他の化合物で変性をした変性エポキシ樹脂として用います。

直接硬化剤と反応させる例としては、アミノ基との付加反応（**図1-7**）を硬化機構とする常温硬化型エポキシ樹脂塗料があります。2液型塗料として高度の防食性、耐薬品性が要求される用途（大型鋼構造物、船舶、コンクリート構造物など）に使用されます。硬化剤として使用されるのは脂肪族ポリアミンです。

芳香族ポリアミンも硬化剤として使用されますが、反応性が低く硬化には加

第1章　塗料を作るための基礎知識

熱が必要です。耐熱性、機械的性質、耐薬品性、耐アルカリ性、耐溶剤性に優れた塗膜が得られます。

ポリアミンの他に硬化剤として利用されるものとして、酸無水物、ケチミン、ジシアンジアミド、イミダゾール、ポリメルカプタンなどがあります。

変性して使用する例としては、ジアルカノールアミンなどと反応させて水酸基を持つポリオール樹脂とし、これをイソシアネートで架橋させるような使い方があります。自動車など工業塗装におけるカチオン電着塗料にも種々の変性エポキシ樹脂が使用されています。

図 1-6 ビスフェノール A 型エポキシ樹脂

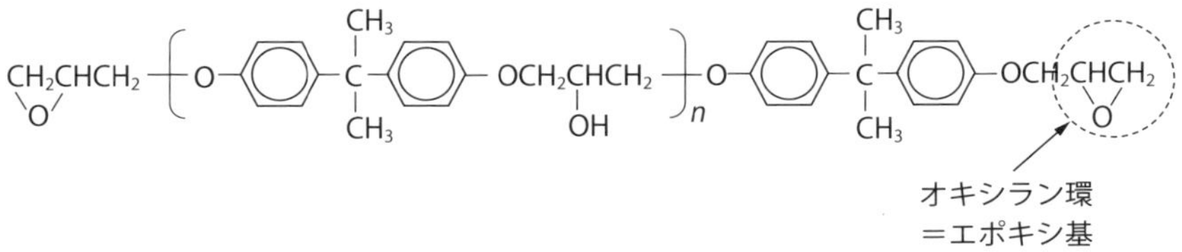

オキシラン環
＝エポキシ基

図 1-7 エポキシ樹脂とアミンの反応

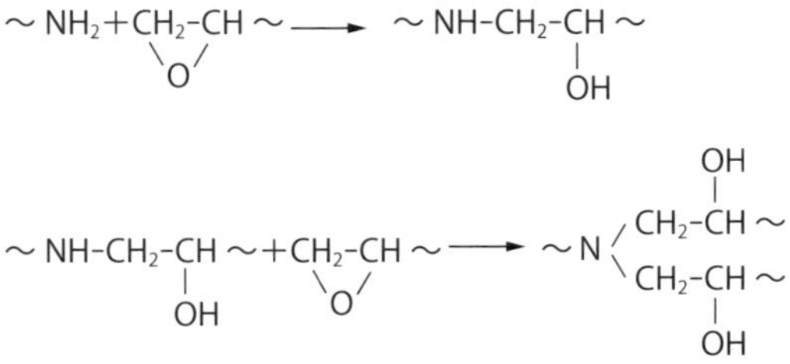

要点 ノート

エポキシ樹脂は耐光性が劣るものの、耐食性、耐薬品性、付着性が良好です。
1 液加熱硬化型や 2 液の常温硬化型塗料として用いることができます。

19

2 塗料用樹脂って何？

メラミン樹脂の特徴と使い方

❶メラミン樹脂とは

　ベンゾグアナミン樹脂や尿素樹脂（ユリア樹脂）などと同じアミノ樹脂の1つです。図1-8に示すように、メラミンにホルムアルデヒドを付加させ、さらに種々のアルコールを付加縮合させて製造します。塗料用途ではアミノ樹脂の中でメラミン樹脂が最も多く使用されます。メラミンのアミノ基が全てアルキルエーテル化された完全アルキルエーテル化メラミン単量体と、アルキルエーテル部①、メチロール基②、アミノ基③、ジメチレンエーテル結合などを介した別のメラミン核との架橋部④（番号は図1-8枠線内の番号に対応）などを併せ持つ部分アルキルエーテル化メラミン樹脂があります。また、アルコールとしてはメチルアルコール、（n-, もしくはiso-）ブチルアルコールがよく用いられ、それぞれメチル化メラミン、ブチル化メラミンなどと呼ばれます。

❷特徴

　水酸基を含有する樹脂（ポリオール樹脂と呼ばれます）と混合して、酸性雰囲気下で加熱すると、以下の脱アルコール反応や脱水反応が生じて、架橋構造が生じます（式中Pはポリオール樹脂を示します）。

① $-NCH_2OR + P-OH \rightarrow -NCH_2O-P + ROH$ 　（脱アルコール反応）

② $-NCH_2OH + P-OH \rightarrow -NCH_2O-P + H_2O$ 　（脱水反応）

　また、これらの反応の他に、メラミン樹脂の官能基同士が架橋する反応（自己縮合反応）も生じます。さらに副反応として、ホルムアルデヒドが生成する場合もあります。

　架橋剤として、1分子当たりの官能基濃度が高く、他の樹脂との相溶性にも優れています。

　アルキル基（R）の種類と、メラミン樹脂の性質との関係を表1-5に示します。

❸使い方

　一般的には、アクリルポリオール樹脂やポリエステルポリオール樹脂などと混合して、加熱硬化型1液塗料に使用します。ポリオール樹脂との混合比率は固形分比で8：2〜6：4（ポリオール：メラミン）程度で、100〜180℃の範囲

第1章 塗料を作るための基礎知識

で加熱硬化させます。架橋反応は酸性雰囲気下で進行しますので、パラトルエンスルフォン酸などを触媒として添加するか、酸価を持つポリオール樹脂を使用します。

　水性塗料には、完全アルキルエーテル化メラミンのメチル化メラミンが、水溶性が高く適しています。また、メチル／ブチル混合アルキルエーテル化メラミン樹脂は、水分散型塗料に用いられます。

図1-8 メラミン樹脂の合成と一般的な構造

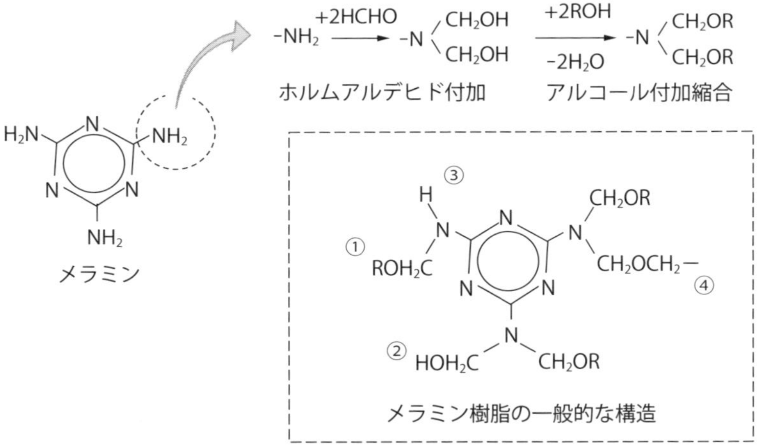

表1-5 アルキル基の種類とメラミン樹脂の性質

アルキル基	メチル		iso-ブチル	n-ブチル
溶解性	親水	⇔		親油
塗膜硬度	硬	⇔		軟
塗膜可撓性	小	⇔		大
反応温度	低	⇔		高

要点 ノート

メラミン樹脂はポリオール樹脂の硬化剤として、加熱硬化型1液塗料に用いられます。他の樹脂との相溶性に優れ、低コストです。

【2 塗料用樹脂って何？

ポリイソシアネートの
特徴と使い方

❶ポリイソシアネートとは

　窒素、炭素、酸素の各原子が二重結合で連結された、非常に反応性に富む官能基（–N=C=O）をイソシアネート基と呼びます。ここでいうポリイソシアネートの「ポリ」は、高分子ではなく多官能性のという意味です。

❷特徴

　代表的なイソシアネート単量体を**図1-9**に示します。これらの単量体は分子量が低くて蒸気圧が高いので、毒性の面で取り扱いには厳重な注意が必要です。イソシアネート基は水酸基、アミノ基などと反応しますが、塗料用としては水酸基との反応である次式のウレタン化反応が重要です。

$$R\text{-NCO} + \text{HO-R'} \rightarrow R\text{-NH-CO-O-R'}$$

　このウレタン結合（–NH-CO-O–）を持つ塗膜は、弾力性に富み、強靱、耐摩耗性、基材密着性、耐薬品性、耐溶剤性に優れています。

❸使い方

　ポリエステルやアクリルのポリオールを主剤とする2液常乾型塗料の硬化剤に用います。この場合、図1-9の単量体ではなく、低毒性で架橋性が良好な、**表1-6**の高分子量化した変性体を使用します。

　イソシアネート基は反応性が高いので、そのままでは2液型塗料にしか使用できません。また水とも反応するので水性塗料にも使用は困難です。このような場合、イソシアネート基をあらかじめブロック剤と呼ばれるアルコール類、フェノール類、ラクタム類などと反応させたブロックイソシアネートを使用します。**図1-10**に示すように、加熱でブロック剤が解離してイソシアネート基が再生するので、ポリオール樹脂との1液加熱硬化型塗料や、水性塗料にも使用可能となります。ブロック剤の解離温度は、アルコール類170〜210℃、フェノールとε-カプロラクタムは140〜145℃程度です。

22

第 1 章 塗料を作るための基礎知識

図 1-9 | 代表的な単量体イソシアネート

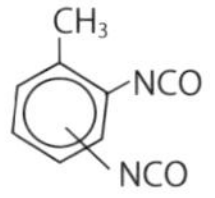

TDI
トリレンジイソシアネート

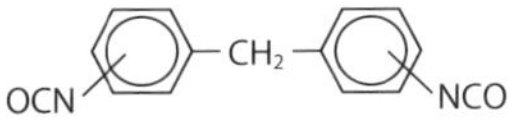

MDI
ジフェニルメタンジイソシアネート

$$OCN-(CH_2)_6-NCO$$

HDI
ヘキサメチレンジイソシアネート

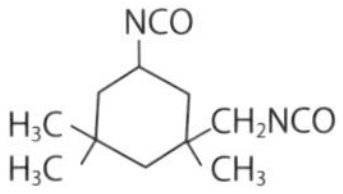

IPDI
イソホロンジイソシアネート

表 1-6 | 変性イソシアネート

名称	構造	
アダクト体	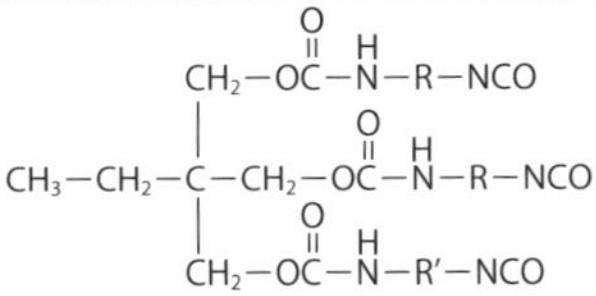	単量体イソシアネートを多価アルコールと反応させ、未反応イソシアネートを除去。 一般的には、TDI,HDI,IPDIとトリメチロールプロパン（TMP）のアダクト体。
ビュレット体	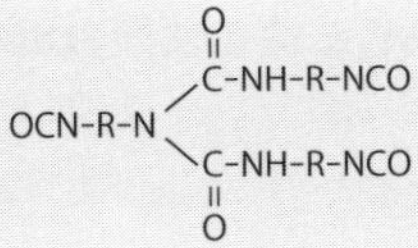	ウレア結合のNH基に更にイソシアネートが付加。 単量体イソシアネートと水、アミンなどの反応により得られる。 HDIが多い。
イソシアヌレート体	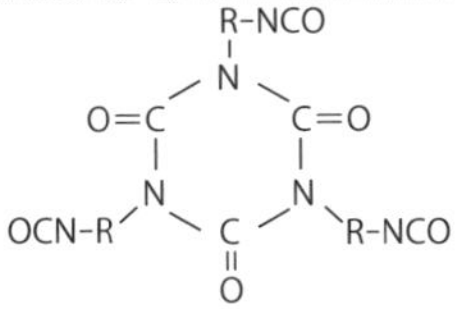	単量体イソシアネートを環状三量体化。 耐熱性、乾燥性に優れる。 TDI,HDI,IPDIなど。

図 1-10 | ブロックイソシアネート

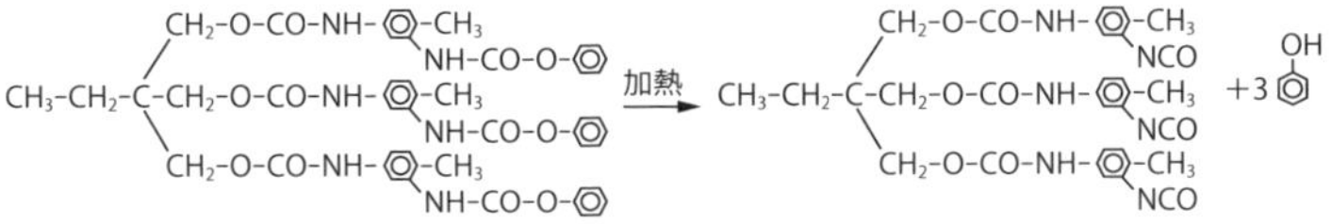

TDI/TMP アダクト体をフェノールでブロック

加熱

加熱によりブロック剤のフェノールが解離
イソシアネート基が再生

要点 **ノート**

ポリイソシアネートは高分子量化した変性体やブロック体として、ポリオール樹脂を主剤とした塗料の硬化剤として使用されます。

23

【2 塗料用樹脂って何？

ポリウレタン樹脂の特徴と使い方

❶ポリウレタン樹脂とは

　ポリオールとポリイソシアネートがウレタン結合でつながったのがポリウレタンです。したがって、前項で説明したポリイソシアネートを硬化剤とする2液や1液の塗料は、硬化後の塗膜構造がポリウレタンということになります。

　また、ポリアルキレングリコール、ポリエステルジオール、ポリカーボネートジオールなどの長鎖ジオール成分と、図1-9に示したポリイソシアネートなどの反応で得られる樹脂をポリウレタン樹脂と呼びます。ポリウレタン樹脂には、湿気硬化型、ラッカー型、水性エマルションなどがあります。

　湿気硬化型樹脂では末端にイソシアネート基が残存し、図1-11に示した機構で、大気中の水分と反応し、二酸化炭素を生成しながら架橋硬化します。

　この他、不飽和結合を含有する油で変性した油変性型のポリウレタン樹脂もあります。

❷特徴

　ポリウレタン樹脂は、弾力性に富み、強靭で、耐摩耗性、密着性、耐薬品性、耐溶剤性などに優れた塗膜を形成します。これは、ウレタン結合そのものが強固なことと、図1-12に示すように、塗膜内でウレタン結合の部分が水素結合による会合体（ハードセグメントと呼ばれます）を形成し、この会合体をポリオール樹脂に基づく柔軟な鎖（ソフトセグメントと呼ばれます）が連結した構造に起因します。ハードセグメント部が疑似網目構造を形成するので、ソフトセグメント部の伸縮があっても、塗膜全体の構造は維持され、塑性変形を起こし難い構造となっています。また、ウレタン結合部と被塗物表面との水素結合により強固な密着性を発現します。

　使用されるポリイソシアネートがTDIやMDIのようにベンゼン環を含有する場合は、塗膜の黄変や白亜化が生じやすいので注意が必要です。

❸使い方

　湿気硬化型は水分に非常に敏感ですので、塗料中の水分にも注意が必要で、水分の除去のためモレキュラーシーブなどが使用されます。また、顔料や充填剤からの不純物混入があるため、クリヤー塗料として用いられるのが一般的で

す。

　水性エマルション型は床用塗料や自動車用チッピングプライマーなどに用いられます。油変性タイプは不飽和結合を利用して、中・長油アルキド樹脂と同様に、ドライヤーを使用する酸化重合型の常乾塗料として用いられます。

図 1-11　湿気硬化型ポリウレタン樹脂の硬化反応

$$R-N=C=O + H_2O \longrightarrow R-NH-\underset{O}{\overset{\|}{C}}-OH$$

$$R-NH-\underset{O}{\overset{\|}{C}}-OH \longrightarrow R-NH_2 + CO_2$$

$$R-NH_2 + O=C=N-R' \longrightarrow R-NH-\underset{O}{\overset{\|}{C}}-NH-R'$$

R, R'：ポリウレタン鎖

図 1-12　ウレタン塗膜の構造

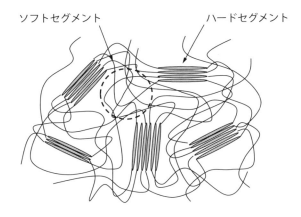

ソフトセグメント　　ハードセグメント

要点ノート

ウレタン樹脂は1液常乾型塗料に用いられ、2液やブロック型のウレタン塗料と同様に、弾力性に富み、強靭で、耐摩耗性、密着性、耐薬品性、耐溶剤性などに優れた塗膜を形成します。

【2 塗料用樹脂って何？

フッ素樹脂の特徴と使い方

❶塗料用フッ素樹脂とは

　フッ素樹脂というと思い浮かぶのは、フライパンの内面に塗布された熱に強くて汚れが付かないPTFE（ポリテトラフルオロエチレン。テフロン®は商品名）ですが、これは結晶性が高くて溶剤には溶けず、また溶融温度も高いので、塗料用樹脂としては用いられません。

　塗料用樹脂で一般的に用いるのは、テトラフルオロエチレン（TFE）やクロロトリフルオロエチレン（CTFE）などの含フッ素モノマーと、ビニルモノマー類やアクリルモノマー類を共重合させた樹脂です。塗料用フッ素樹脂の一般的な構造を**図1-13**に示します。CTFEとビニルエーテルのように、含フッ素モノマーとそれ以外のモノマーが規則的に交互に重合している場合（交互共重合体と呼びます）と、ランダムに重合している場合があります。

　水性塗料用として、エマルション型やディスパージョン型も市販されています。またポリフッ化ビニリデン（PVdF）とアクリル樹脂の複合エマルションも市販されています。

❷特徴

　フッ素原子と炭素原子のC-F結合は結合エネルギーが大きいので、紫外線や熱などで切断されにくく、耐候性、耐熱性、耐薬品性などの耐久性能が非常に優れています。例えば、建築外装塗料で一般的なウレタン塗料の塗り替え寿命が10年程度であるのに対し、フッ素樹脂塗料では20年以上と言われています。**図1-14**にポリイソシアネートで架橋させた2液塗料の促進耐候性を一般的なアクリル樹脂との比較で示します。

　またC-F結合は結合距離が短く、分極度合いが低いという特徴があります。このため、撥水・撥油性や摺動性に優れた塗膜が得られます。一方、炭素系粒子などの汚れ物質が付着しやすく、耐汚染性の必要な用途では要注意です。

　ビニルモノマーやアクリルモノマーとの共重合により、一般的な有機溶剤に溶解します。また水酸基やカルボキシル基を持つモノマーが共重合したものは、メラミン樹脂やポリイソシアネートなどの硬化剤で架橋します。

❸使い方

　市販されている塗料用フッ素樹脂は水酸基を持っているものがほとんどなので、他のポリオール樹脂と同様に、メラミン樹脂やポリイソシアネートを硬化剤とする塗料に用います。

　水性エマルションタイプは、通常のアクリル樹脂エマルションなどと同様に、造膜助剤を使用した常乾塗料に使用されます。建築外装分野に高耐候性塗料として使用されます。

図 1-13　塗料用フッ素樹脂の構造式（R は水素、アルキル基、ヒドロキシアルキル基など）

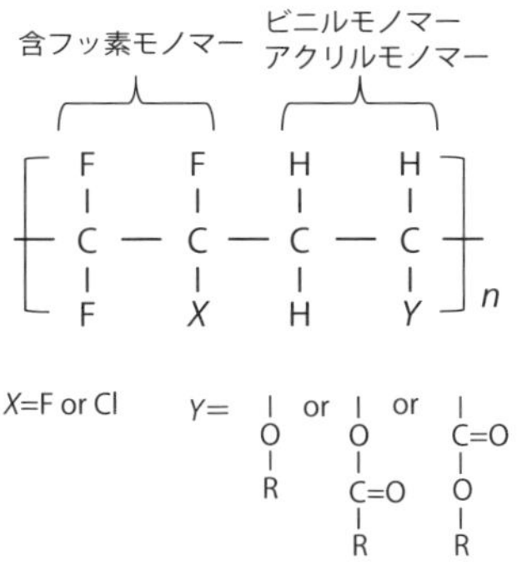

$$\left[\begin{array}{cccc} F & F & H & H \\ | & | & | & | \\ C - C - C - C \\ | & | & | & | \\ F & X & H & Y \end{array}\right]_n$$

含フッ素モノマー／ビニルモノマー・アクリルモノマー

X=F or Cl　　Y= $-O-R$ or $-O-C=O-R$ or $-C=O-O-R$

図 1-14　アクリル樹脂とフッ素樹脂の促進耐候性比較の例[4]

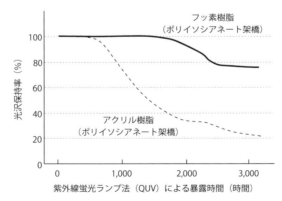

要点ノート

塗料用フッ素樹脂は、含フッ素モノマーとビニルモノマーやアクリルモノマーとの共重合体で、有機溶剤可溶型やエマルション型があります。耐候性や耐熱性、耐薬品性が非常に優れた塗膜を形成します。

【2 塗料用樹脂って何？

シリコーン樹脂の特徴と使い方

❶シリコーン樹脂とは

　シリコーン、シリコン、シリカと似たような用語がありますが、シリコン（Si）はケイ素原子や金属シリコン、シリカは二酸化ケイ素（SiO_2）を指すのに対し、シリコーン樹脂は図1-15に示す-Si-O-Si-結合を持つポリオルガノシロキサンを指します。

❷シリコン塗料とシリコーン樹脂

　建築外装用塗料などで「シリコン（樹脂）塗料」と称するものがあります。これは、シリコーン樹脂だけでバインダーが構成されているのではなく、シリコン原子を含む樹脂を用いた塗料という意味です。バインダー樹脂は-Si-O-Si-結合を含み、次の2種類に大別されます。

①シリコーン樹脂のシラノール基（Si-OH）やアルコキシシリル基（-SiOR）を用いて、アクリル樹脂やポリエステル樹脂を変性（グラフト）した樹脂。

②主に、側鎖にアルコキシシリル基を持つアクリル樹脂。硬化過程でアルコキシシリル基が図1-16のように、加水分解、脱水縮合により架橋するものと、あらかじめ架橋した常乾型エマルション樹脂があります。

❸特徴

　-Si-O-Si-結合は結合エネルギーが大きいので、紫外線や熱などで切断されにくく、耐候性、耐水性、耐熱性、耐薬品性などの耐久性能が優れています。アクリル樹脂やポリエステル樹脂などにグラフトすることで、耐候性が向上します。図1-17に純アクリル樹脂、シリコーン樹脂をグラフトしたアクリル樹脂をポリイソシアネートでそれぞれ架橋させた塗膜、図1-16のようにアクリル樹脂にアルコキシシリル基をペンダントし架橋させた塗膜についての、QUVによる促進耐候性の評価結果を示します。耐候性はシロキサン鎖の含有量に依存しますから、グラフト型＞ペンダント型＞純アクリルの順に耐候性は良好となります。ただし、シリコーン量が多くなると密着性・リコート性が低下するので注意が必要です。

❹使い方

　バインダーが純粋なシリコーン樹脂だけの塗料としては耐熱塗料がありま

す。耐熱温度は200〜250℃ですが、アルミニウム粉体やセラミックス粉体を加えると700℃程度まで使用可能とされています。

上記①や②の変性樹脂は、高耐候性樹脂として、熱硬化型やエマルション型塗料に用いられます。

図 1-15 シリコーン樹脂の構造式

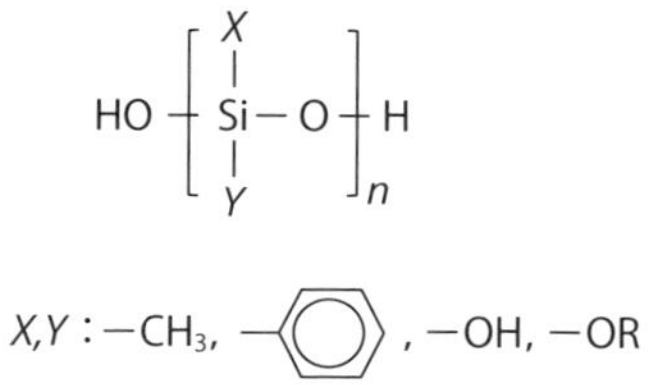

$$HO-\left[\begin{array}{c}X\\|\\Si-O\\|\\Y\end{array}\right]_n H$$

$X, Y : -CH_3, -\bigcirc, -OH, -OR$

図 1-16 アルコキシシリル基含有アクリル樹脂

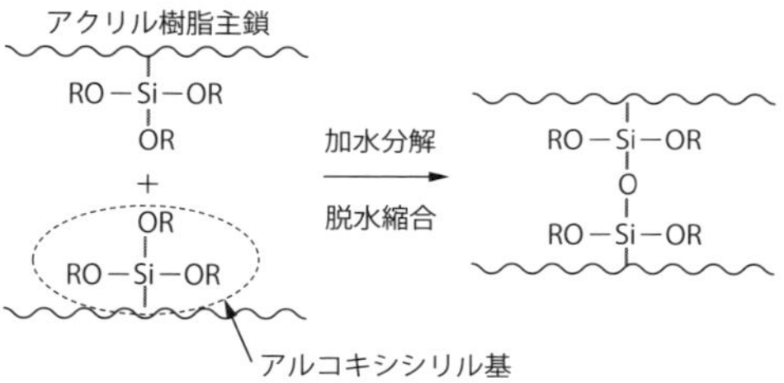

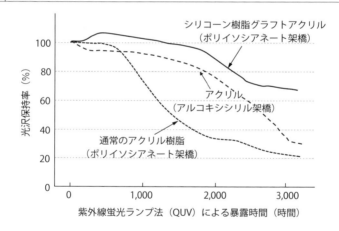

図 1-17 通常のアクリル樹脂とシリコン変性アクリル樹脂の促進耐候性の比較[4]

要点 ノート

シリコーン樹脂は、耐候性、耐熱性が良好で耐熱塗料に使用される他、アクリル樹脂やポリエステル樹脂の変性にも用いられ、耐候性を向上させます。

【2 塗料用樹脂って何？

樹脂の性質を示す主な指標

　ここではポリエステル、アクリルなど樹脂骨格の化学構造が異なっても、共通して樹脂の性質を示す指標について説明します。

❶硬化反応などに関与する官能基の量に関する指標

　酸価、水酸基価、ヨウ素価、アミン価、エポキシ当量、イソシアネート当量などがあります。それぞれの定義と測定方法のJIS番号を**表1-7**に示します。樹脂は溶剤を含んだワニスの形で供給されることが多いのですが、これらの値は樹脂固形分当たりの値の場合と、ワニスに対する値の場合があるので、注意が必要です。

　2液型ポリウレタン塗料設計時での、ポリオール樹脂の水酸基の量と、ポリイソシアネートのイソシアネート基の量比や、エポキシ樹脂をアミン硬化剤で硬化させる際のエポキシ基とアミノ基の量比など、硬化条件の検討に用います。

　また、有機溶剤系では顔料に高分子が酸塩基相互作用で吸着しますが、酸価があれば酸性高分子ですから塩基性顔料の分散性が良好であり、アミン価があれば塩基性なので酸性顔料の分散が良好、などと分散配合設計で参考にすることもできます。

❷分子量

　多くの場合、ゲル浸透クロマトグラフィー（GPC）による測定値が示されています。樹脂の分子量が大きい程、塗膜は強靭になりますが、塗料の粘度は高くなります。塗装時は塗料の粘度を一定にする必要がありますから、高分子量の樹脂を用いた塗料ほど、固形分濃度は低くなり、揮散する溶剤の量が多くなります。

❸粘度

　樹脂独特の粘度測定法として、泡粘度計法（JIS K7233:1986）があります。試料管に入れた樹脂中を昇る泡の速さを標準液と比較し，粘度を標準管に示した記号で表す方法で、標準管の記号はアルファベットのA〜Zと、Aより低粘度のA_5〜A_1およびZより高粘度のZ_1〜Z_{10}までがあります。粘度の低い方から並べると、A_5〜A_1＜A〜Z＜Z_1〜Z_{10}となります。代表的な標準管の記号

と該当する動粘度（粘度を液体の密度で割ったもの）を**表1-8**に示します。

❹ガラス転移温度

塗膜のような主に無定形高分子でできた被膜は、高温（熱分解しない程度の）状態では軟らかいのですが、温度が低下すると、ある温度を境目にして急激に硬くなります。ガラスのように固くなるので、この温度のことをガラス転移温度（Tg）と呼びます。比熱や熱膨張率、圧縮率、弾性率などの諸物性もTgで急激に変化します。この現象は高分子鎖の動きやすさの変化によって生じるので、樹脂の化学構造や硬化剤の種類、可塑剤の有無、架橋密度などによってTgは変化します。一般的にTgの低い樹脂は柔軟な塗膜を形成し、高い樹脂は硬い塗膜を形成します。

表1-7 樹脂の硬化反応などに関与する官能基の量に関する指標

物性値	定義	測定方法のJIS番号
酸価	試料1g中に含有する酸を中和するのに必要な水酸化カリウムのmg数	K0070：1992
水酸基価	試料1gをアセチル化させた時、水酸基と結合した酢酸の中和に必要な水酸化カリウムのmg数	
ヨウ素価	試料100g（の不飽和結合）と結合するハロゲンの量をヨウ素のg数に換算した値	
アミン価	試料1g中に含まれる全塩基性窒素の中和に要する過塩素酸と、当量の水酸化カリウムのmg数	K1557-7：2011 K7237：1995
エポキシ当量	1当量のエポキシ基を含む樹脂の質量	K7236：2001
イソシアネート当量	1当量のイソシアネート基を含む樹脂の質量	K7301：1995 K1556：2006

表1-8 泡粘度計における粘度標準管の記号と動粘度

標準管の記号	動粘度 $10^{-4}m^2s^{-1}$	標準管の記号	動粘度 $10^{-4}m^2s^{-1}$
A_5	0.005	R	4.70
A_1	0.32	W	10.70
A	0.50	Z	22.7
G	1.65	Z_1	27.0
N	3.40	Z_5	98.5

要点 ノート

樹脂骨格の化学構造が異なっても、共通して樹脂の性質を示す指標の主なものとして、酸価、水酸基価、ヨウ素価、アミン価、エポキシ当量、イソシアネート当量、分子量、粘度、ガラス転移温度があります。

【3 塗料用顔料って何？

塗料で使われる顔料とその機能

❶塗料用顔料の種類

　塗料の基本機能である被塗物の保護と美観の付与を実現するために、多種多様な顔料が使用されており、機能面や組成面から分類がなされています。分類の一例を表1-9に示します。この分類例では、着色、体質、光輝、防錆という第一階層の分類は機能に着目したものになっています。

　以下で、それぞれの顔料について簡単に説明しますが、塗料が単一種類の顔料だけで構成されることはまれで、一般的には2〜5種類程度の顔料を用います。顔料の混合により、単にその中間色を得るだけではなく、それぞれの顔料の特徴を複合化することで、繊細で複雑な意匠発現を可能にしたり、美しくてさびも出ないという多様な性能を発現させることが可能となります。

❷着色顔料

　光の吸収や散乱により、塗膜に色彩や隠ぺい性を付与するために用いられ、有機と無機のものがあります。

　有機化合物の定義と同様に、有機着色顔料は炭素を含む顔料（ただし、金属炭酸塩など一部の簡単なものを除く）です。炭素の他に、酸素、窒素、硫黄、ハロゲン元素などが含まれます。また、アゾレーキ顔料や銅フタロシアニンなどのように、金属原子を含むものもあります。

　無機着色顔料は、金属の酸化物や硫化物、金属塩、カーボンブラック（炭素を含みますが単純な化合物なので無機顔料に分類）などです。

　一般論ですが、有機着色顔料は色彩が鮮やかですが、耐候性や耐熱性などの耐久性能が無機着色顔料に比べて劣ります。無機着色顔料は耐久性能には優れるのですが、色彩の鮮やかさでは劣ります。ただし、白色の酸化チタンや黒色のカーボンブラックは無彩色ではありますが、それぞれ白さ、黒さは優れています。

❸体質顔料

　無機顔料の一種ですが、無彩色で屈折率が低いので、塗膜中では透明あるいは半透明になります。このため、塗料を増量するコストダウンが体質顔料を配合する主目的ですが、塗膜への硬度付与や衝撃緩和、塗料の粘度や比重の調

整、原色塗料の着色力調整などのためにも用いられます。

沈降性硫酸バリウムのように人工的に合成されるものもありますが、天然に産出する粘土鉱物や石灰岩を、粉砕、分級しただけのもの、さらに必要に応じて精製や表面処理したものなどが用いられています。

❹光輝顔料

顔料粒子が鱗片状の形をしており、被塗物表面と平行に配向すると、塗膜の明度や色調が塗膜を見る角度によって大幅に変化し、メタリック感やパール感などの意匠性を付与します。

❺防錆顔料

さびを抑制するリン酸イオンやモリブデン酸イオンなどのインヒビターイオンを放出することで、被塗物の腐食を防止します。以前は鉛やクロムなどの重金属が主に使用されていたのですが、その毒性のために現在では使用が大幅に制限されています。

表 1-9　塗料用顔料の分類と機能

分類		機能	代表例
着色顔料	無機顔料	色彩付与 素地の隠ぺい	酸化チタン、酸化亜鉛、酸化鉄、カーボンブラック、コバルトブルー、バナジン酸ビスマス、複合金属酸化物、クロム酸鉛（黄鉛）
	有機顔料		アゾ、アゾレーキ、縮合アゾ、フタロシアニン、ペリレン、ジケトピロロピロール、キナクリドン、イソインドリノン、イソインドリン、アンスラキノン
体質顔料		硬度付与、比重・粘性調製 コストダウン	シリカ、タルク、カオリン、炭酸カルシウム、沈降性硫酸バリウム、ベントナイト
光輝顔料	メタリック顔料	金属反射による光輝感付与	アルミフレーク、蒸着アルミフレーク
	光干渉顔料	光干渉による色相異方性付与 光反射による光輝感付与	酸化チタン被覆マイカ（パールマイカ）、酸化鉄被覆マイカ、酸化チタン被覆ガラスフレーク
防錆顔料		腐食抑制	リン酸亜鉛、リン酸アルミ、モリブデン酸亜鉛、クロム酸亜鉛、クロム酸ストロンチウム、シアナミド鉛、塩基性硫酸鉛

要点　ノート

塗料では、機能、組成などが異なる多種多様な顔料が使用され、これらの顔料を混合して用いることにより、相乗的に塗料としての保護と美観という機能を発現しています。

【3 塗料用顔料って何？

使う前に調べよう！
顔料のこんな性質

　塗料が使用される環境は様々ですから、顔料に要求される性能も用途によって異なりますが、化学構造、粒子径や粒子形状などのモルフォロジー的性質、各種耐久性能は事前に知っておくべき重要な共通の性質です。

❶化学構造とカラーインデックス名

　顔料の化学構造は、色彩や各種耐久性能を決定する基本的な因子です。化学構造に従って顔料を分類するために、英国染料染色学会と米国繊維化学技術・染色技術協会による共同のデータベースがあり、化学構造ごとにカラーインデックス（C.I.）番号が与えられています。また、C.I.番号とほぼ1対1に対応するのですが、効用や色に基づいてC.I.名が与えられています。C.I.番号よりC.I.名で呼ばれることが一般的です。**表1-10**に代表的な顔料のC.I.名と、対応する化学構造を示します。顔料のメーカーや品番が異なっても、C.I.名が同じであれば、化学構造は同じです。

❷モルフォロジー

　顔料の最小構成単位は1次粒子と呼ばれ、通常の顔料分散工程では1次粒子は破砕されません。目的とする分散度や光学的性質に応じて最適な1次粒子径の品種を用いる必要があります。例えば、可視光の散乱能力を最大にしようと思えば、1次粒子径が可視光波長の半分の大きさである$0.2 \sim 0.4\,\mu m$の粒子を選択し、1次粒子まで解凝集します。

　顔料の1次粒子は、**図1-18**に示すように様々な形状をしています。針状や板状など異方性の高い粒子は、顔料分散工程で折れたり変形したりする可能性があります。また、異方性粒子の端面や先端部は活性で、これらの部分同士が引き合うことにより、フロキュレートと呼ばれる凝集体を形成して、分散液がボテボテとした流動性を示すことがよくあります。

　分散剤の配合量は顔料粒子の表面積に比例するので、1次粒子径が小さくて比表面積の大きな顔料は分散剤の配合量が多くなります。粒子形状が真球状もしくは立方体と仮定すると、比表面積S（m^2/g）と粒子径d（μm）、比重ρ（無次元数）との間には、$Sd\rho=6$という簡単な関係があるので、比表面積が分かっていて1次粒子径が不明な場合など、おおよその値を知るのに便利で

す。また、比表面積の大きな顔料は吸油量も大きな値を示します。

❸耐久性能

顔料の耐久性能は塗膜の耐久性を左右する重要な性質で、使用目的によって適切なものを選択する必要があります。主な耐久性能には、耐候性、耐光性、耐熱性、耐水性、耐酸性、耐アルカリ性、耐溶剤性があります。

これらの耐久性能は顔料の化学構造に大きく依存しますが、顔料の表面処理やバインダー樹脂の性質にも依存します。

また、酸化チタンが顔料自体は堅牢にも関わらず、表面の光触媒作用でバインダー樹脂が劣化し塗膜の耐候性としては不良となるように、顔料からの溶出物や表面の性質がバインダーに及ぼす影響にも注意が必要です。

表 1-10　主な塗料用顔料のカラーインデックス名

C.I. Pigment名	化学構造名	C.I. Pigment名	化学構造名
Black 7	カーボンブラック	Red 254	ジケトピロロピロール
Blue 15	銅フタロシアニン	Violet 19	無置換キナクリドン
Blue 60	インダンスロンブルー	White 6	二酸化チタン
Green 7	高塩素化銅フタロシアニン	White 18	炭酸カルシウム
Red 48	モノアゾレーキ	White 21	硫酸バリウム
Red 101	ベンガラ（α-酸化鉄）	Yellow 42	オーカー（水酸化鉄）
Red 224	ペリレンレッド	Yellow 154	ベンズイミダゾロンイエロー

図 1-18　顔料1次粒子の様々な形状

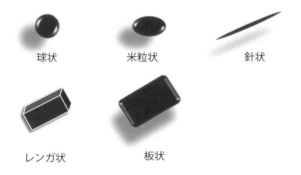

球状　　　　　米粒状　　　　　針状

レンガ状　　　　板状

> **要点　ノート**
> 化学構造が同じ顔料でも銘柄によって、粒子径や粒子形状、耐久性能などが大幅に異なることがあるので、事前に良く調べておくことが重要です。

【3 塗料用顔料って何？

堅牢な無機着色顔料

❶塗料用無機着色顔料とは

　塗膜に色彩や隠ぺい性を付与するために使用される無機顔料です。主に金属酸化物もしくは金属水酸化物が用いられます。また、カーボンブラックも含まれます。主な無機着色顔料とC.I. Pigment名を**表1-11**に示します。体質顔料や光輝顔料も無機顔料ですが着色顔料とは呼びません。かつては鉛やカドミウムなどの有害重金属を含むものも多数使用されていましたが、現在ではほとんど使用されないため除外しています。

❷無機着色顔料の発色機構

　顔料を構成する色素がその化学構造に応じた波長の光を吸収し、吸収された光の色の補色に見えます。補色というのは**図1-19**の色相環で、対角線上の色同士の関係です。例えば、顔料が赤紫色の光を吸収すれば、緑色に見えます。顔料が可視光領域の全ての波長の光を吸収すれば黒色となります。可視光領域に吸収が無ければ無色なのですが、粒子径が小さくなるにつれて、粒子表面で光が散乱されて白色となります（透明なガラスを砕いて小さくすると白い粉になりますね）。ここまでの着色原理は、有機顔料、無機顔料ともに共通です。

　有彩色の無機着色顔料はFeやCoなどのd電子軌道を持つ遷移金属原子を含んでいます。このd軌道は5つあり、単一のイオンや原子状態では各軌道間にエネルギー状態の差は無いのですが（縮退していると言います）、酸化物状態や配位子が配位した状態では、高エネルギーのd軌道と低エネルギーのd軌道に分裂します。この考え方を結晶場理論と呼びます。

　電子は光エネルギーを吸収して、低エネルギーのd軌道から高エネルギーのd軌道へ遷移します。両軌道のエネルギー差ΔEと、吸収される光の波長λは、$\Delta E = hc/\lambda$の関係にあります。hはプランク定数、cは光速です。波長λに相当する色の光が吸収され、その補色に顔料は着色します。

　粒子の光散乱能力は屈折率が大きい程、大きくなるので、屈折率が大きくて可視光領域に吸収の無い二酸化チタンや酸化亜鉛が白色顔料として利用されます。

　複合金属酸化物が黒色を示すのは、複数種類の遷移金属原子がそれぞれ光を

吸収し、全体として可視光領域全部を吸収してしまうからです。絵の具の赤と緑を混ぜれば黒くなるのと同じです。カーボンブラックについては、別の項で説明します。

❸無機着色顔料の特徴と使い方

一般的に堅牢で、耐候性、耐熱性などの諸耐久性能は有機着色顔料よりも優れています。また、価格も安価です。一方、有彩色の彩度は有機顔料の方が優れています。このため、耐熱塗料や高温焼付型の塗料、クリアーオーバーコート無しで屋外にさらされる建築外装塗料や橋梁・タンクなどの構造物用塗料のトップコートに用いられます。

表 1-11　主な塗料用無機着色顔料

名称・化学構造	C.I. Pigment 名	色相
二酸化チタン	White 6	白
酸化亜鉛	White 4	白
カーボンブラック	Black 7	黒
銅クロムブラック（$CuCrO_4$-MnO・複合金属酸化物）	Black 28	黒
ベンガラ（α-Fe_2O_3）	Red 101	赤褐色〜赤紫
含水酸化鉄（α-FeOOH）	Yellow 42	黄土色
チタンイエロー（TiO_2-Sb_2O_5-NiO・複合金属酸化物）	Yellow 53	黄
バナジン酸ビスマス	Yellow 184	黄
コバルトブルー（アルミン酸コバルト）	Blue 28	青

図 1-19　色相環と補色

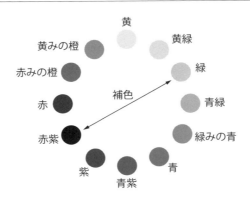

要点 ノート

無機着色顔料は堅牢で諸耐久性能に優れていますが、彩度はあまり高くありません。

【3 塗料用顔料って何？

鮮やかな色彩の有機顔料

❶有機着色顔料とは

　共役した芳香族環や二重結合からなる有機色素分子が結晶化した粒子状の物質で、可視光の波長領域に吸収を持ちます。無機顔料に比べると、高彩度で色域が豊富ですが、諸耐久性能は無機顔料に比べて一般的に劣ります。印刷インクなどにも広く使用されていますが、塗料には比較的耐久性能の良好なものが用いられます。

❷塗料用有機顔料の種類と特徴

　塗料でよく使用される有機顔料には、フタロシアニン系、縮合多環系、不溶性アゾ系、溶性アゾ系があります。[7]

　フタロシアニン系には中心金属が無いものや銅以外のものも知られていますが、ほとんどが銅フタロシアニン（**図1-20**①）です。結晶形にはα（C.I.名Pigment Blue 15：1, 15：2）、β（15：3, 15：4）、γ（15：5）、δ（15：6）の4種類があります。有機顔料としては非常に優れた耐候性を示します。

　縮合多環系顔料は、図1-20②に示す無置換キナクリドンのように、多数の芳香族環が共役した構造を持ちます。耐候性、耐熱性、耐溶剤性などの諸耐久性能が良好で、いわゆる高級有機顔料と呼ばれる一連の有機顔料です。

　アゾ顔料は、分子構造中にアゾ基（-N=N-）を持つ有機顔料です。構造中に水に可溶な官能基（スルホン酸基やカルボキシル基）を持つものを溶性アゾ顔料、持たないものを不溶性アゾ顔料と呼びます。溶性アゾ顔料はマンガンやカルシウムなどの金属で水不溶化（レーキ化）されます。一般的には、上記のフタロシアニン系や縮合多環系に比べて耐久性能はやや劣ります。図1-20③に不溶性アゾ顔料の代表例としてナフトールレッドF5RKを、図1-20④に溶性アゾ顔料の代表例としてパーマネントレッド2Bを示します。パーマネントレッド2BにはC.I. Pigment名がRed 48：1〜48：4まであって、それぞれレーキ化に用いられる金属が異なります。金属はバリウム（48：1）、カルシウム（48：2）、ストロンチウム（48：3）、マンガン（48：4）です。

❸有機着色顔料の発色機構

　無機顔料と同様に、顔料を構成する色素がその化学構造に応じた波長の光を

吸収し、吸収された光の補色に着色します。

有機顔料では色素分子を構成する芳香族環や二重結合のπ電子が光を吸収して、基底状態から励起状態へ遷移します。この遷移はπ-π*遷移と呼ばれます。吸収される光の波長λと、基底状態（低エネルギー）と励起状態（高エネルギー）のエネルギー差ΔEとは、$\Delta E = hc/\lambda$の関係にあります。

❹有機着色顔料の使い方

色彩が豊富で鮮やかであるために、自動車外板用塗料や工業用塗料に用いられます。C.I. Pigment名が同じでも、1次粒子径がかなり異なる場合があります。数百 nmのものは不透明性で、隠ぺい力が必要な場合に用います。透明性が必要な場合は、1次粒子径が100 nm以下のものを用います。後者は耐光性を補うために、紫外線吸収剤やヒンダードアミン系光安定剤（HALS）などを含有するオーバーコートクリアーの併用が必要です。

図 1-20 | 塗料用有機顔料の代表的な化学構造

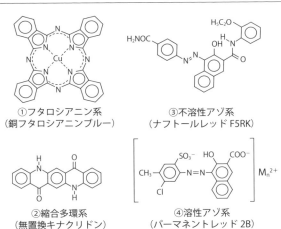

①フタロシアニン系
（銅フタロシアニンブルー）

③不溶性アゾ系
（ナフトールレッド F5RK）

②縮合多環系
（無置換キナクリドン）

④溶性アゾ系
（パーマネントレッド 2B）

要点 ノート

有機顔料は芳香族環や二重結合がいくつも連結した構造をしており、鮮やかな色彩が特徴です。一般的に耐久性能は無機顔料に比べて劣るとされています。

【3 塗料用顔料って何？

カーボンブラック顔料

❶カーボンブラック顔料とは

　炭素を主成分とする黒色の着色顔料で、原料であるガスや油などの炭化水素を、酸素が乏しい気相中で熱分解したり、不完全燃焼させたりして製造されます。C.I. Pigment 名は Pigment Black 7 です。基本構造は、図1-21 に示すようなベンゼン環が網目状に配列した面が平行に数層重なって結晶子を形成し、各結晶子が不規則に配列した乱層構造をしています。結晶子の配列が規則正しいものは導電性があり、導電性カーボンと呼ばれます。

　無機顔料に分類されますが、表面張力の低さや炭素が主成分であることなどから、分散性、水ぬれ性など有機顔料によく似た性質を持っています。

❷特徴

　製造工程中に存在する酸素や酸化表面処理により、面の端部（粒子表面）には図1-21 に示すように、水酸基やカルボキシル基、アルデヒド基、カルボニル基などが生成しています。このため弱酸性～酸性の性質を示します。

　カーボンブラックの粒子を電子顕微鏡で観察すると、図1-22 に示すように球状の粒子が房状につながったぶどうのような形状の粒子が観察されます。球状粒子一つ一つの中で上述の結晶子が乱層構造を取っています。製造条件により、球状粒子のつながり構造を発達させたり抑制したりでき、その程度はストラクチャーという用語で表現されます。

　顔料分散では、通常の分散機ではこれ以上微粒化できないという最小構成単位の粒子を1次粒子と呼びますが、カーボンブラックのカタログなどでは、この球状粒子1つの大きさが1次粒子径と呼ばれています。ストラクチャーは製造時に一つ一つの球状粒子が、高温状態で熱融着して形成されるので、その凝集は強く、通常の分散機では分離できません。顔料分散ではストラクチャー全体が1次粒子ということになりますので注意してください。

❸カーボンブラック顔料の使い方

　上述の理由で、カタログには1次粒子径が数十 nm と書いてあっても、顔料分散工程ではそこまで小さくはならず、カタログ値の数倍～10倍が微粒化の限界です。分散粒子径を小さくするためには、カーボンブラックのカタログ

で、1次粒子径が小さくて、かつ、ストラクチャーの発達していない（吸油量の小さい）品種を選択することが必要となります。

カタログでいう1次粒子径が小さくなる程漆黒性は高くなります。真っ黒な高漆黒塗装では1次粒子径が10 nm程度のものが用いられます。一方、調色（チンチング）用途では、分散安定性や価格の点で20～50 nm程度のものが用いられます。これにストラクチャーの程度と表面処理の有無を考慮して、使用銘柄を決定します。一般的に、1次粒子径が同じであれば、ストラクチャーが発達している銘柄程、分散安定性は良好です。

図1-21 | カーボンブラックの化学構造

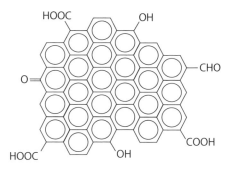

図1-22 | カーボンブラックの1次粒子とストラクチャー

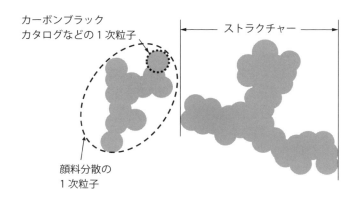

要点 ノート

顔料の中ではカーボンブラックだけ、1次粒子の定義が異なります。分散して実際に到達できる分散粒子径は、ストラクチャーの大きさまでです。

【3】 塗料用顔料って何？

キラキラ感を付与する光輝顔料

❶光輝顔料とは

金属反射によりメタリック感を付与するメタリック顔料と、光の反射と干渉によって発色する光干渉顔料があります。両者とも長さ5〜100 μm、厚さ1 μm程度の鱗片状の形態で、独特のキラキラとした意匠を付与します。前者ではアルミフレーク顔料が、後者では金属酸化物被覆マイカ顔料が主流となっています。その他の光輝顔料については、表1-9を参照してください。

❷アルミフレーク顔料の特徴

アルミニウム粉を炭化水素系溶剤中でボールミルなどを用いて展延させて製造します。塗膜中で鱗片状のメタリック顔料が示す光輝感（メタリック感）は、図1-23に示すように、①顔料粒子の表面と端部の平滑性、②粒子径とアスペクト比、③被塗物表面に対する配向性に依存します。①と②は顔料粒子そのものの性質で、原料のアルミニウム粉や展延工程に依存しますが、③は塗料が塗装機で微粒化され、被塗物に塗着して硬化膜になるまでの粘性挙動や塗装機の性能に依存します。アルミニウムは両性金属で、酸性やアルカリ性の水性塗料中では水素ガスを発生して腐食するので、水性塗料用には有機や無機の表面処理を施した品種が上市されています[8]。

❸光干渉顔料の特徴

光干渉顔料は、マイカやガラスフレークなどの鱗片状粒子に、二酸化チタンなどの金属酸化物を被覆した構造をしています[9]。色素を含有せず、光の干渉作用によって発色します。発色の原理を、図1-24を用いて説明します。C'からA'に入射した光は、屈折してB'へ向かう光と、反射してD'に向かう光に分かれます。B'へ向かった光はB'で反射してAへ向かい、Aで屈折してDへ向かいます。一方、CからAに入射した光は、屈折してBへ向かう光と、反射してDに向かう光に分かれます。したがって、DではC'-A'-B'-A-Dという光路をたどった光とC-A-Dという光路をたどった光が同時に到達します。光は波ですから、この光路差A'-B-Aが半波長の偶数倍であれば、波の山と山、谷と谷が重なりあって、その波長に相当する色が強く見えます。奇数倍であれば山と谷が重なって、その波長の光を打ち消してしまうので、その色は消えてしま

います。

　結果として、山と山が重なり合う波長の光の色に着色して見えます。顔料を見る角度によって光路差は変化するので、干渉で強くなる波長も変化し、色が異なって見えます。

❹光輝顔料の使い方

　ビーズミルなどの分散機を用いると粒子が壊れてしまうので、一般的には撹拌機（ディソルバー）のようなもので分散します。比重が大きく粒子径も大きいので、沈降しやすい性質があります。このため、適切な増粘剤（沈降防止剤）を処方して沈降を防止します。また、粒子径が大きいので平滑な塗膜表面が得られにくく、光輝顔料を含有する塗膜の上にオーバーコートクリアーが塗布されます。

図 1-23 ｜ メタリック顔料の光輝感（メタリック感）に影響する因子

①表面と端面の平滑性　②粒子径とアスペクト比　③配向角度

図 1-24 ｜ 光干渉顔料の発色原理

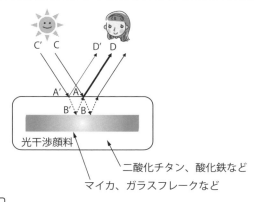

> **要点　ノート**
> 光輝顔料は鱗片状の比較的大きな粒子で、塗膜中で被塗物表面と平行に配向することにより、キラキラとした金属やパールのような意匠を付与します。

【3 塗料用顔料って何？

コスト削減だけが目的ではない
体質顔料

❶体質顔料とは

　着色顔料と区別するために付けられた用語で、英語ではExtenderもしくはFillerです。一般的に安価で、シリカ、カオリン、タルク、沈降性硫酸バリウム（沈バリ）、炭酸カルシウムなどの種類があります（表1-9参照）。シリカは原材料や製造方法によって粒子径や表面性質が大きく異なります。カオリンには天然に産出した原土を粉砕、分級した生カオリンと、焼成して構造水を除去した焼成カオリンがあります。また、炭酸カルシウムにも、石灰石を粉砕、分級した重質炭酸カルシウムと、これを焼成して生石灰と炭酸ガスに分解、生石灰を水と反応させて水酸化カルシウムとし、再度、炭酸ガスと反応・沈降させた沈降炭酸カルシウム（軽質炭酸カルシウム）があります。我が国は世界に類を見ないほどの高品位の石灰石を豊富に産出するので、良質で安価な炭酸カルシウムが入手できます。

❷体質顔料の特徴

　表1-12に示すように、体質顔料の屈折率が1.5前後でビヒクルとあまり変わらないので、乾燥した粉体状態では白色ですが、ビヒクルや塗膜中では透明もしくは半透明となります。

　カオリンとタルクは粘土鉱物の一種で、図1-25に示すように、カオリンはシリカ4面体層とアルミナ8面体層が1:1で重なり合った2層構造、タルクはマグネシアの8面体層をシリカ4面体層でサンドイッチ状に挟んだ2:1の3層構造をしています。このような層構造には、劈開性があるので、粒子は板状もしくは薄片状をしています。タルクは滑石とも呼ばれ、軟らかくてすべすべした触感を示します。

❸体質顔料の使い方

　非着色性顔料として、塗料の増量によるコストダウンを主とした目的に使用されます。特に、二酸化チタンを置換して配合量を削減するために用いられますが、沈バリ以外の体質顔料は、比重が二酸化チタンに比べると小さいので、重量で同量を置換すると、顔料の体積濃度は大きくなります。場合によっては塗膜が脆くなって凝集破壊を起こしやすくなるので注意が必要です。

この他、塗料や塗膜の物性を調整するために配合されることもあります。シリカやカオリン、表面処理した炭酸カルシウムなどは粒子間会合でフロキュレートを形成しやすいので、増粘剤や沈降防止剤として用いられます。粒子径が比較的大きいものは、艶消し剤として用いられます。

超微粒子のシリカをナノサイズでクリアー塗料に分散させると、透明で硬くて傷が付きにくい塗膜が得られます。

表 1-12 | 代表的な体質顔料

	屈折率	比重	化学式
シリカ（珪藻土、ホワイトカーボン）	1.45	2.2	SiO_2
カオリン	焼成 1.62 生 1.55	2.6	$Al_2Si_2O_5(OH)_4$
タルク（滑石）	1.57	2.7	$Mg_3Si_4O_{10}(OH)_2$
沈降性硫酸バリウム	1.64	4.5	$BaSO_4$
炭酸カルシウム	軽質 1.59 重質 1.56	2.6 2.7	$CaCO_3$
二酸化チタン（着色顔料）	2.71	4.0	TiO_2

＊比重、屈折率は代表値

図 1-25 | カオリン、タルクの構造

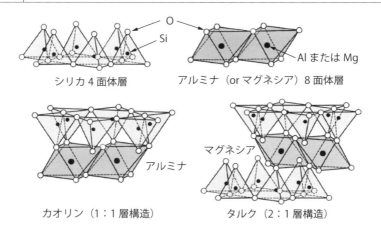

要点 ノート

体質顔料は安価なので、増量によるコストダウンが主目的で配合されますが、塗膜の硬度アップや塗料の増粘、顔料の沈降防止にも有効です。

【3 塗料用顔料って何？

金属を腐食から守る防錆顔料

❶防錆顔料とは

　塗膜が被塗物金属を腐食から保護する機能（防食性）に深くかかわる顔料で、表1-9に示したものが使用されています。かつては鉛やクロムなどの重金属を含む顔料が主流でしたが、毒性のため亜鉛やアルミを含む無害な顔料への置換が進められています。

❷塗膜の防食性と顔料

　塗膜の防食性は次の3つの機能が総合して発現されます。

①水、酸素、イオンなどの腐食物質が、透過するのを遮断する機能（遮断機能）

②塗膜が腐食環境に置かれても、剥離しないように密着する機能（密着機能）

③腐食物質が透過しても、被塗物金属の腐食反応を抑制する機能（防錆機能）

　①に関しては、バインダー樹脂の化学構造に依存する部分が大きいのですが、例えばマイカのような鱗片状の顔料が塗膜中に存在して被塗物表面と平行に配向すると、腐食物質が塗膜を透過するルートが長くなって、遮断機能が強化されます。ただし、本書では防錆顔料を化学的に金属の腐食反応を抑制する顔料として、マイカは防錆顔料には含めていません。②に関しては、「エポキシ樹脂は密着が良い」などと言われるように、バインダー樹脂の化学構造に依存します。防錆顔料がもっぱら関与するのは③の防錆機能です。

❸防錆顔料の種類と防錆機構

　作用機構により種々の名称で分類されます。**表1-13**に分類の一例を示します。

①塩基性顔料：**図1-26**はブールベイ（Bourbaix）の相図と呼ばれ、置かれた環境のpHと電位（酸化力に相当）によって、鉄の安定な形態がどのような状態であるかを示します。腐食が進むのはイオン状態（Fe^{2+}, Fe^{3+}）が安定な領域で、金属状態（Fe）と酸化物状態（Fe_2O_3, Fe_3O_4）が安定な領域では腐食は進みません。pHが8以上の塩基性雰囲気では、イオン状態が安定な領域は存在しません。塩基性顔料は塗膜下を塩基性雰囲気に保つことで鉄の腐食を防止します。

②不動態被膜形成（可溶性）顔料：顔料から溶出するイオンにより、金属表面

を不動態化します。また、腐食性物質を酸化して不溶性にします。このような作用のあるイオンをインヒビターイオンと呼びます。

③金属粉顔料：鉄よりイオン化傾向の大きい金属で、鉄より先にイオン化する（消費される）ことで鉄の腐食を防止します。また、その金属の酸化生成物が塩基性雰囲気を形成します。

❹防錆顔料の使い方

多くの場合、被塗物への密着性や腐食物質の遮断機能に優れるエポキシ樹脂やエポキシ変性ウレタン樹脂をバインダーとして塗料化されます。亜鉛末はエチルシリケートなどをバインダーとする無機ジンクリッチペイントにも使用されます。一般的に、防錆顔料は粒子径や比重が大きいので沈降しやすく、適切な増粘剤の処方が必要です。防錆顔料の種類や作用機構の詳細については、他の総説[10]、[11]を参照してください。

表 1-13 防錆顔料の分類例

防錆顔料の分類	具体例
塩基性顔料	鉛系顔料（鉛丹、塩基性クロム酸鉛、シアナミド鉛、塩基性硫酸鉛など） ホウ酸系顔料（メタホウ酸バリウム、メタホウ酸亜鉛、メタホウ酸カルシウムなど） 酸化鉄/酸化カルシウム複合酸化物
不動態被膜形成顔料 （可溶性顔料）	クロム酸系顔料（クロム酸亜鉛、クロム酸ストロンチウムなど） モリブデン酸系顔料（モリブデン酸カルシウム、モリブデン酸亜鉛など） リン酸系顔料（リン酸亜鉛、リン酸アルミニウムなど）
金属粉顔料	亜鉛末

図 1-26 鉄の電位-pH図

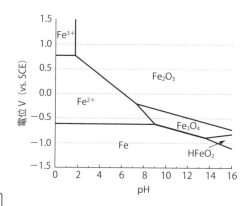

要点 ノート

防錆顔料は塗膜下雰囲気を塩基性に保ったり、インヒビターイオンを放出することで、鉄などの金属被塗物の腐食を防止します。

【3】塗料用顔料って何？

顔料の表面処理

❶顔料表面処理の目的

結晶の安定化、耐候性や分散性の改善、バインダー高分子やビヒクルとのぬれの改善など、顔料の化学構造や適用塗料系に応じて様々な表面処理がなされます。

❷二酸化チタン顔料

二酸化チタンの表面は光触媒として使用される程の触媒活性があるので、未処理の二酸化チタンが塗膜中に存在すると、バインダー高分子が分解して短時間で白亜化（チョーキング）や光沢低下などの不具合を生じます。このため、塗料用の二酸化チタン顔料はSiO_2、ZrO_2、Al_2O_3などの金属酸化物で被覆処理されます。SiO_2、ZrO_2は緻密で連続した被膜を形成するので光触媒作用の抑制効果が大きく高耐候性が得られます。一方、Al_2O_3の被膜は連続性が無いので耐候性があまり良くありません。

❸カーボンブラック

塗料用カーボンブラックの製造はファーネス法が主流です。この方法では1,500℃以上の高温雰囲気で原料油を噴霧し、不完全燃焼させるのですが、酸素が希薄な雰囲気での反応ですから、図1-21に示す含酸素官能基の量が少ない粒子となります。この状態では、ビヒクルへのぬれ性が悪く、また有機溶剤中での分散では、高分子の吸着点（酸性点）が少ないので、分散安定性も不良となります。これを改善するために、表面の酸化処理がなされます。酸化の方法には、加熱空気やオゾンを用いる気相法と、硝酸や過酸化水素、次亜塩素酸カリウムなどを用いる液相法があります。カタログにpHという欄がありますが、未処理が6〜8程度に対し、酸化処理品は2〜5の値を示します。

❹有機顔料

有機顔料の1次粒子径は30〜150 nm程度で非常に小さく、凝集しやすいという特徴があります。表面処理の目的は、製造工程における乾燥過程での凝集の防止と、分散時のビヒクルへのぬれの改善、高分子の吸着点の形成です。

乾燥過程での凝集防止を目的として、ロジン（アビエチン酸）の被覆処理が行われており、特にアゾレーキ顔料に多用されています。

界面活性剤による処理はぬれの改善が主な目的で、アニオン系、カチオン系、ノニオン系のいずれの界面活性剤も用いられます。顔料粒子と反応する場合から単なる物理吸着の状態まで、顔料粒子への付着状態は様々です。

　有機溶剤系での分散安定化は顔料粒子への高分子の酸塩基相互作用による吸着で達成されますが、有機顔料表面には酸性や塩基性の吸着点が乏しいので、顔料誘導体（シナージスト）の処理がなされます。図1-27に顔料誘導体の一例としてジメチルアミノエチルキナクリドン（DMAEQR）の化学構造式を示します。キナクリドン顔料そのものは、図1-27の破線で囲った部分が積み重なって結晶を構成しています。図1-27のDMAEQRはキナクリドン構造に塩基性のジメチルアミノエチル基が置換基として導入された形をしています。

　DMAEQRを少量（数パーセント）混合すると、キナクリドン顔料の表面へ、色素構造の部分が共通なので強固に吸着します。吸着のドライビングフォースは、π電子軌道同士の重なり合いによるπ-πスタッキングとされています。

　この吸着の結果、顔料粒子表面には塩基性の官能基（ジメチルアミノエチル基）が導入されるので、このアミノ基を介して酸性のバインダー樹脂や分散剤の吸着が可能になります。

　色素構造や置換基として導入される官能基には、様々なバリエーションがあります。

図1-27　色素誘導体の一例

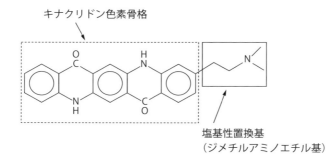

キナクリドン色素骨格

塩基性置換基
（ジメチルアミノエチル基）

> **要点　ノート**
> 顔料は様々な表面処理がなされており、表面性質は顔料の化学構造から推定されるものとは大幅に異なる場合があります。

【4】塗料用溶剤はどうやって選ぶの？

溶解性パラメーターで溶ける・混じるを予想する

❶溶解性パラメーター（Solubility Parameter, SP）とは

　当たり前ですが溶剤はバインダー樹脂を溶解する必要があります。また塗料では複数の溶剤からなる混合溶剤が用いられます。溶剤が高分子を溶解するか否か、溶剤同士が混合するか否かを考える時に役立つ指標がSP値です。結論から先にいうと、「SP値が近いもの同士ほど、良く混じり良く溶ける」ということになります。

❷SP値の定義

　SP値は個々の溶剤（液体）に対して決定される値です。図1-28を参照してください。液体が液体であり続けるためには、液体分子（図に丸で表示）同士に引力（⇔で表示）が働いていなければなりません。さもないと気体になってしまいます。この引力の元になるのが凝集エネルギー（ΔE）で、1モル当たりの量で示されます。SP値は凝集エネルギーに由来する値なのですが、溶剤

図1-28　分子間凝集エネルギーと溶解性パラメーター

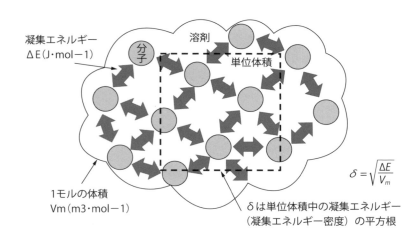

ごとに分子量や比重が異なるので、1モル当たりの量では、混ぜ合わせたりする時のことを考えるのに不便です。そこで、溶剤の種類に関わらず扱えるように、単位体積当たりの量に換算します。1モル当たりの体積をモル体積（V_m）と呼びます。$\Delta E/V_m$ は溶剤の種類に関わらず、単位体積当たりの凝集エネルギーになり、これを凝集エネルギー密度と呼びます。SP値は凝集エネルギー密度の平方根です。ここまでを式で表すと、次のようになります。

$$\delta = \sqrt{(\Delta E/V_m)}$$

平方根にする理由は、同じ種類の分子同士が手をつなぎ合っている（相互作用している）状態から、他の種類の分子と手をつなぎ変えた（混合した）状態へ変化する時に、それに対応する凝集エネルギーの変化量を計算するため、片一方の手に相当する量にしておくためです。

❸ SP値と混じる・混じらない

SP値を使って2つの溶剤（1と2）の混合に伴う凝集エネルギー変化（ΔE_{MIX}）を表すと、次の式になります。詳しい式の誘導[12]～[15]や各溶剤の具体的なSP値[12]、[14]を知りたい方は巻末の参考文献を参照してください。ϕは混合時の体積分率です（$\phi_1 + \phi_2 = 1$）。

$$\Delta E_{\text{MIX}} = \phi_1 \phi_2 (\delta_1 - \delta_2)^2$$

括弧の2乗になっていますからΔE_{MIX}は必ず正の値になり、エネルギーは増加します。つまり、吸熱混合系にしかSPの概念は適用できず、この辺りが問題点ではあるのですが、多くの有機溶剤系では大丈夫です。混合という現象は、乱雑さ（エントロピー）が増加するので、系にとっては有利な方向です。一方、凝集エネルギーの増加は不利な方向なので、この両者のバランスで混じる・混じらないが決まります。混じるためにはΔE_{MIX}が小さい方がよく、それは括弧の中が小さい時ですから、2つの溶剤のSP値δ_1、δ_2が近い程小さくなります。つまり、「SP値が近い程良く混じる」ということになります。

高分子のSP値は直接測定することはできませんが、SP値が既知の溶剤への溶解性を元に決定することができます[12]、[13]。

要点 **ノート**

SP値は液体の分子間に働く凝集エネルギーに基づく量で、SP値の近い溶剤同士は良く混じり、高分子はそのSP値に近いSP値を持つ溶剤に良く溶けます。

【4】塗料用溶剤はどうやって選ぶの？

表面張力がぬれる・ぬれないを支配する

❶ぬれ障害型ハジキと表面張力

　塗料や被塗物の組み合わせによっては、均一な塗膜が得られずに、図1-29に示すように被塗物が露出することがあります。このような現象を「ぬれ障害型ハジキ」と言います。ハジキには「ぬれ障害型ハジキ」と「異物ハジキ」があります。後者についてはP.152で説明します。「ぬれ障害型ハジキ」は塗料の表面張力と被塗物に対する塗料の接触角に依存します。図1-29に示すように塗装直後に膜厚が厚い時（a）には、被塗物表面を塗料が均一に覆っていますが、溶剤が蒸発して塗料の体積が減少すると（b）、塗料は表面張力によって、その体積と被塗物との接触角（θ）に見合った液滴に収縮して、被塗物表面が露出してしまいます（c）。これがぬれ障害型のハジキです。溶剤は塗料の表面張力の大きな支配要因ですから、その選択がハジキ防止のために重要です。

❷表面張力と接触角

　表面張力は表面を縮めるように作用しますから、その値が大きい程、ハジキは生じやすくなります。表1-14に代表的な溶剤の表面張力を示します。有機溶剤に比べて水の表面張力は大きいので、「水性塗料はハジキやすい」ということが理解できます。それでは、どんな被塗物でもハジキが生じるかという

| 図1-29 | ハジキとそのメカニズム |

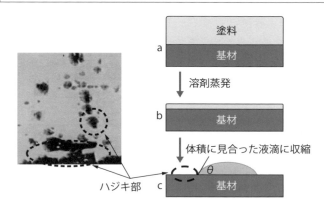

と、被塗物の種類に依存します。これは、ハジキが溶剤の表面張力だけでなく、溶剤と被塗物との接触角にも依存するからです。接触角が小さい程、「ぬれが良い」と言われます。

接触角は塗料の表面張力（γ_L）と被塗物の表面張力（γ_S）を用いて次のように表せます[13)、15)]。

$$\cos\theta = 2\sqrt{\frac{\gamma_S}{\gamma_L}} - 1$$

被塗物の表面張力が大きい程、また塗料の表面張力が小さい程、$\cos\theta$は大きいのでθは小さくなります。$\gamma_S > \gamma_L$の時に$\theta=0$となって、この被塗物上では塗料は縮まないのでハジキは生じません。このような状態を「拡張ぬれ」と呼びます。

表面張力の極性・非極性成分などへの分割や、塗料が被塗物に付着した時に界面で消費されるエネルギーの取り扱いに関して、もう少し複雑な考え方もありますが、「$\gamma_S > \gamma_L$の時に$\theta=0$となってハジキは生じない」という部分はおおむね変わりません。

❸ハジキが生じる・生じない

表1-15に、よく被塗物になる固体の表面張力を示します。テフロンを除けば、どの固体も有機溶剤よりは表面張力が大きいので、有機溶剤系塗料ではハジキが生じません。テフロンは有機溶剤でもハジキが生じるので、撥水・撥油と言われます。水は表面張力が大きいので、プラスチックが被塗物の場合はハジキが生じます。実際の塗料ではビヒクルに界面活性剤を添加して表面張力を下げるなどの工夫をします。

表1-14	主な溶剤の表面張力

液体名	表面張力 (mN/m)
ヘキサン	18
エタノール	23
アセトン	23
ブチセロ	27
トルエン	29
水	73

表1-15	被塗物の表面張力

固体名	表面張力 (mN/m)
テフロン	18
ポリプロピレン	29
ポリスチレン	36
PET	43
エポキシ	47
鉄（溶融）	1,720
アルミニウム（溶融）	900
マグネシウム（溶融）	540
ガラス（ソーダライム）	300

要点 ノート

塗料（溶剤）と被塗物の表面張力の相対的な関係で、ぬれる・ぬれない（接触角の大きさ）が決まり、塗料よりも被塗物の表面張力が大きい時に、良好なぬれが生じます。

【4 塗料用溶剤はどうやって選ぶの？

溶剤としての水の特異性

❶大きな分子間の凝集エネルギー

　水の分子間力は水素結合力の占める割合が大きく、この力に対応する凝集エネルギーは $10 \sim 40$ kJ/mol とされています。炭化水素の分子間力の主体であるファンデルワールス力は 1 kJ/mol 程度ですから、水の分子間力は非常に大きいことが理解できます。このため、分子量の割には融点や沸点が高く、蒸発潜熱も大きな値を示します。凝集エネルギーが大きく、モル体積が小さいので、SP値も他の有機溶剤よりも格段に大きな値となります。

❷規則正しい分子配置

　水は液体状態であっても、**図1-30**に示すように、1つの水分子が正四面体の中心に位置し、他の分子が4つの頂点を占める、という規則正しい構造を取っています。液体状態ではこの構造が完全に固定されている訳ではなく、それぞれの分子は熱運動で中心位置の周りを揺らいでいます。固体（氷）になると、この熱運動による揺らぎが無くなるため、分子間距離を液体状態よりも少し広げる必要があります。結果として、固体（氷）が液体（水）よりも密度が低くなって浮くという、他の溶剤には見られない現象が生じます。

❸疎水性相互作用

　上述の規則正しい構造を取っている水の中に、疎水性の物質が入ってくると、その周りだけ正四面体の構造を少しゆがめて"かご"のようなスペースを作り、その中に疎水性物質を収納しようとします。このような構造を取ることは、エントロピー的に不利なので、そのような個所を少なくしようと、疎水性の物質を寄せ集め、1カ所に押し込もうとします。まるで疎水性物質同士が引き合っているように見えるので、これを「疎水性相互作用」と呼びます。水の中だけで生じる相互作用です。

❹水を溶剤として用いる際の留意点

　表1-16に示すように、水は有機溶剤（トルエンを代表として例示）と種々の物性値が大幅に異なりますので、塗料配合設計や塗装設計では、考え方や材料選択を全くと言ってよい程、変える必要があります。

図 1-30 水の構造

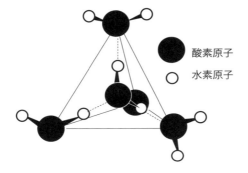

● 酸素原子
○ 水素原子

表 1-16 水を溶剤として用いる際の留意点

	水	トルエン	水の特異性
溶解性パラメーター（cal/cc）$^{1/2}$	23.5	8.9	通常のバインダー樹脂は溶解しない。エマルション樹脂など分散型樹脂がよく利用される。
沸点（℃）	100	110.6	沸点の割に蒸発潜熱が大きいため、蒸発し難く、タレやすい。ワキやすい。
蒸発潜熱（cal/g）	540	98.6	
相対蒸発速度（酢酸ブチルを100）	38	200	
表面張力（mN/m）	72.6	28.5	素材へのぬれ性に劣る。ハジキ・凹みが生じやすい。
誘電率（20℃）	80.1	2.24	静電プロセス（静電塗装など）に要注意。
吸着のドライビングフォース	疎水性相互作用	酸塩基相互作用	分散安定化に必要な顔料表面や分散剤の要件が異なる。

> **要点ノート**
> 水は分子間の凝集エネルギーや液体としての構造が有機溶剤と大幅に異なり、水性系独自の設計指針や材料選択が必要です。

5 塗料にはどんな添加剤が使われるの？

塗料用添加剤の種類

❶添加剤とは

　塗料の主要成分は樹脂、顔料、溶剤の3つですが、塗料の製造、保管、塗装、塗膜としての機能発現というステージを通じて、問題を生じさせないためには、3つの主要成分の働きだけでは実質的に困難です。このため、少量で特定の機能を発現する成分を添加するのですが、これを添加剤と呼びます。多くの場合、目的とする機能に「～剤」を付けて呼ばれます。例えば、「顔料分散剤」、「消泡剤」、「表面調整剤」などです。

❷塗料用添加剤の種類

　主な塗料用添加剤の種類、効果を発現するステージ、効果の内容と別称（ある場合）を表1-17に示します。効果を発現するステージは異なりますが、当然ながら塗料に添加されるのは製造段階です。

　1つの添加剤が複数の名称で呼ばれることがあります。例えば、塗料粘度（特に低ずり速度での）を増加させる添加剤が、増粘剤、揺変剤、レオロジーコントロール剤、チキソトロピー剤、沈降防止剤などと呼ばれます。

❸添加剤の選択と使用

　付与したい機能ごとに添加剤が採用されるので、1つの塗料に含まれている添加剤の数が10種類を超えることや、1つの目的のために複数の添加剤が併用されることも珍しくありません。また、ごく少量で効果を発現するものが多いので、塗料への添加時には、あらかじめ溶剤で希釈しておいて添加するなど、計量誤差やミスを小さくする工夫が必要です。

　各種添加剤の作用メカニズムはおおむね分かっているのですが、「この目的のために、この塗料に一番合う添加剤はどれか？」という点に関しては、ある程度は絞り込みができるものの、後は「経験と勘」とか「トライ＆エラー」などという言葉が当てはまる世界です。また、「効果は得られたが副作用が発生した」ということも珍しくありません。むしろ、副作用が発生しないで効果発現をする品種を探すことの方が難しいと言えるかもしれません。例えば、消泡剤の選択で「消泡効果は大きいが、ハジキが発生した」とか、顔料分散剤で「分散性は良くなったが、2液塗料のポットライフが短くなった」ということ

第1章 塗料を作るための基礎知識

があります。品種数が膨大な添加剤もあり、ベストのものを探すより、「合格点が得られればそれでよし」程度の心構えでよいでしょう。

表 1-17 | 主な塗料用添加剤

名称	効果を発現するステージ				効果・別称
	製造	保管	塗装	塗膜	
顔料分散剤	○	○	○		顔料の分散安定化とビヒクルへのぬれ性の向上。
増粘剤	○	○	○		粘度を増加させる。沈降防止剤、揺変剤、レオロジーコントロール剤
消泡剤	○		○		生成した泡を破泡させるとともに、生成しにくくする。
防腐剤		○			微生物で塗料が腐敗するのを防止する。
皮張り防止剤		○			酸化重合型常乾塗料で、塗料表面で重合反応が進み不溶性の膜ができるのを防止する。
表面調整剤			○		塗装後、塗膜表面に分離して表面張力に関係する塗膜欠陥を防止。レベリング剤、ハジキ防止剤、ワキ防止剤
艶消し剤				○	塗膜表面に凹凸を形成し、光を乱反射させることで艶を消す。
紫外線吸収剤				○	紫外線による顔料やバインダーの劣化を防止する。
光安定剤				○	光照射などで発生したラジカルを補足し、塗膜の劣化を防止する。
防藻剤、防カビ剤				○	塗膜が藻類（コケ）やカビで汚損されるのを防止する。

要点 ノート

添加剤の名称で付与する機能はおおむね判断できます。副作用が発生せず、その塗料に合った添加剤を探すという作業は、経験と勘に頼る部分があります。

5 塗料にはどんな添加剤が使われるの？

顔料分散剤の働きと種類

❶顔料分散剤の働き

顔料分散工程での、顔料とビヒクルの界面制御に関する課題は、次の2つです。これが、溶剤と樹脂だけで解決できない場合に、処方され解決するのが顔料分散剤です。

① 顔料表面とビヒクルの良好なぬれの確保

② 分散された顔料粒子が再凝集しないように粒子間の引力を低下させ、さらに反発力を働かせて、分散状態を安定化する

①の課題は主に水性塗料で重要で、水性ビヒクルの高い表面張力を下げれば良いので低分子の界面活性剤でも効果があります。

②の課題については、引力を低下させるのは低分子の界面活性剤でも可能ですが、反発力を発生させるには高分子が顔料表面に吸着する必要があります。

❷顔料分散剤の種類

上記の課題を解決し、顔料分散剤として使用されているものの種類と特徴（顔料分散剤としての機能）および具体例を表1-18に示します。分散剤分子で顔料へ吸着する部分（官能基）を「アンカー部」、ビヒクル中に溶け広がって、顔料粒子同士が接近すると反発力を生じさせる部分を「溶媒和部」と呼びます。高分子が顔料へ吸着するドライビングフォースは、有機溶剤系では酸塩基相互作用、水性系では疎水性相互作用と異なるので、表1-19に示すようにアンカー部となる官能基も有機溶剤系と水性系では異なります。

表1-18でホモポリマー型と記載したのは、高分子全体が単一のモノマーで構成されている高分子で、どの部分もがアンカー部にも溶媒和部にもなり得ます。一方、ブロック高分子型と記したのは、アンカー部と溶媒和部が異なるモノマーで構成され、1つの分子中でアンカー部と溶媒和部がブロックとなって分離した構造をしています。分散剤としての性能は、ブロック高分子型の方が優れています。特にくし型は、脱着しにくく優れた分散安定性を示します。

バインダー樹脂もアンカー部として作用する官能基があれば顔料の分散安定化作用があります。

第1章 塗料を作るための基礎知識

❸顔料分散剤の選択と使い方

　考慮するのは、アンカー部と顔料とのマッチング、溶媒和部のビヒクルへの溶解性とバインダー樹脂との相溶性です。有機溶剤系では、顔料が酸性であれば塩基性のアンカー、塩基性であれば酸性のアンカーの分散剤を選択します。

　ビヒクルへの溶解性は、ビヒクルに分散剤を混合した時に濁らなければ大丈夫です。ビヒクルとの混合液をガラス板やPETフィルムなどの透明な基材に塗布し、乾燥させた時に濁らなければ、バインダーとの相溶性も大丈夫です。顔料の酸塩基性評価や顔料分散剤の分子設計の詳細、配合量の決め方については他書[12]、[13]、[22]を参照ください。

表 1-18 | 顔料分散剤の種類

顔料分散剤の種類	特徴	具体例
低分子型 （界面活性剤）	ビヒクルの表面張力を低下させる。 顔料/ビヒクル界面に吸着し、界面張力を小さくして、粒子間引力を低下させる。 分子量が小さいため、顔料粒子間に反発力を生じさせる効果は小さく、分散安定化作用は弱い。	陰イオン性界面活性剤 陽イオン性界面活性剤 非イオン性界面活性剤
ホモポリマー型	高分子を構成するセグメントにアンカー部と溶媒和部の区別がないので、吸着形態が変化しやすい。 複数の粒子に橋掛け吸着して凝集させる場合がある。	ポリアクリル酸 ポリビニルアルコール ポリビニルピロリドン
ブロック高分子型	全ての分子にアンカー部と溶媒和部が存在する。 アンカー部と溶媒和部が分子中でブロック化されている。このため、橋掛け吸着は生じない。 直鎖型とくし型がある（難分散顔料にはくし型）。 優れた分散安定性を示す。	ポリエステル系 ポリウレタン系 アクリル系

表 1-19 | 顔料分散剤のアンカー部となる官能基

官能基の性質		代表的な官能基
有機溶剤型塗料用	酸性	カルボキシル基 リン酸基 スルホン酸基 上記の塩
	塩基性	脂肪族アミノ基 4級アンモニウム基 芳香族アミノ基 上記の塩
水性塗料用	疎水性	長鎖アルキル基 フェニル基 ナフチル基 芳香族アミノ基

要点 ノート

顔料分散剤は、顔料とビヒクルのぬれの改善や顔料粒子間の反発力生成による分散安定化で、良好な顔料分散を実現します。

《5 塗料にはどんな添加剤が使われるの？

増粘剤の働きと種類

❶増粘剤とは

　溶剤の量を削減すると塗料の粘度は増加しますが、それでは塗装時の粘度も高くなって、スプレー塗装での微粒化が悪くなったり、ハケ塗装の時のハケ捌きが重くなってしまいます。粘度が高くないといけないのは、保管時に重い顔料が沈降する時や、塗装が終わった垂直面で塗料がタレる時です。

　粘度というのは、液体をある速さで流そうとした時に必要な力と流れる速さ（正しくはせん断応力とせん断速度）の比で、同じ速さで流すのに大きな力が必要な液体ほど粘度は高いということになります（P. 136）。沈降やタレは、塗料が変形する速度や、流れる速さが非常に小さな現象ですが、塗装は変形速度が大きい作業です。沈降やタレのせん断速度は、$10^{-2} \sim 10^{0}\mathrm{sec}^{-1}$程度、スプレー塗装のせん断速度は$10^{3} \sim 10^{5}$程度と言われています。したがって、塗料の粘度をせん断速度に依存するようにし、高せん断速度では粘度をあまり増加させず、低せん断速度での粘度を増加させればよいことになります。増粘剤は、これを実現する添加剤です。また、このような機能を発現することから、レオロジーコントロール剤、揺変剤、沈降防止剤などとも呼ばれます。

❷増粘剤の種類と増粘機構

　表1-20に増粘剤の種類を示します。粒子状で塗料中に分散するものと、樹脂状で塗料に溶解するものがあります。無機の増粘剤は全て粒子状、有機の増粘剤ではワックス系が粒子状で、その他は樹脂状です。

　増粘のメカニズムは、アクリル酸系を除けば、増粘剤の粒子同士もしくは樹脂分子同士の相互作用による網目構造の形成です。粒子状の増粘剤の構造形成は、粒子同士のフロキュレート、樹脂状の増粘剤は比較的剛直な樹脂分子間の会合です。会合は水素結合や疎水性相互作用（水中）により生じます。

　網目構造は流動により壊れるのですが、壊れても時間が経てば回復します。低せん断速度では流動による変形より構造の回復が早いので、常に構造を壊しながら流動することになり、構造を壊し続ける分の力が余計に必要となって粘度は高くなります。一方、高せん断速度では構造の回復が流動による変形に追い付かないので、流動さえ始まってしまえば構造は無くなり、壊す分の力は不

要なので粘度は低い値を示します。

　ポリアクリル酸系増粘剤は、アルカリでカルボキシル基を中和すると、粘度が上昇します。これは、中和によりカルボキシルが負電荷を帯び、電荷間の静電的反発力で樹脂分子が膨張して自由体積が増加するためです。塗料系のpHが低い場合にはカルボキシル基の乖離が抑制され、また塗料中の電解質濃度が高い場合には電荷間の反発力が遮へいされるために、樹脂分子が収縮して増粘作用は乏しくなります。

❸増粘剤の使い方

　粉末状で入手したものは、あらかじめスラリー化もしくは溶液化して用います。有機系のものも完全に溶解する訳ではなく、会合体を形成します。このため溶液を膨潤ゲルと呼ぶ場合もあります。有機系のものを水や有機溶剤に溶解させる際には、温度や撹拌条件をメーカー推奨条件どおりに行わないと、ママ粉になったりブツになったりします。また、十分な増粘効果が得られない場合もあります。粉末状の増粘剤を直接塗料に投入するのは避けた方が無難です。

　フロキュレートや会合体を形成する増粘剤は、顔料とも相互作用して、顔料の凝集を生じさせ、艶引けや着色力の低下、混色安定性不良を生じさせることがあります。顔料表面は分散剤やバインダー樹脂で十分に被覆して増粘剤との相互作用をブロックしておくことが重要です。

表 1-20 ｜ 増粘剤の種類と具体例

種類		具体例
無機系 （有機変性品もあり）	シリカ系	フュームドシリカ、沈殿法シリカ、珪藻土
	モンモリロナイト系	ベントナイト、セピオライト
	炭酸カルシウム系	重質炭酸カルシウム 軽質炭酸カルシウム
有機系	ワックス系	水添ひまし油系、酸化ポリエチレン系、 アマイド系、ポリエーテル系
	セルロース系	カルボキシメチルセルロース（CMC）、 ヒドロキシエチルセルロース（HEC）、 エチルセルロース（EC）
	ポリウレタン系	ポリエーテル変性ウレタン化合物、 疎水変性ポリオキオキシエチレン ポリウレタン共重合体
	ポリアクリル酸系	ポリアクリル酸塩 アクリル酸-メタクリル酸共重合体

要点 ノート

増粘剤には組成や作用機構の異なる様々な種類があります。増粘効果だけでなく顔料の分散状態への影響なども考慮して選択する必要があります。

⟨5⟩ 塗料にはどんな添加剤が使われるの？

表面調整剤の作用機構と使い方

❶表面調整剤とは

　塗料状態では塗料の中に均一に混ざっていますが、塗装されて塗膜を形成する段階で、極性の低い空気に引き寄せられて塗膜表面に集まり、非常に薄い膜を形成します（**図1-31**）。分子そのものが塗膜構成成分より低極性か、分子内に低極性の部分があり、これを塗膜表面に露出する形で塗膜表面を覆います。レベリング剤、ワキ防止剤、ハジキ防止剤、消泡剤と呼ばれるものもこの仲間ですが、消泡剤の場合は微細な不連続性を持つ膜を形成すると言われています。**表1-21**に表面調整剤の種類を示します。消泡剤やワキ防止剤にはレベリング剤やハジキ防止剤よりも分子量の大きなものが用いられます。

❷表面調整剤の作用機構

　表面調整剤の極薄膜で覆われることにより、塗膜の表面張力は場所によらず均一になるとともに、低表面張力になります。

　乾燥時に塗膜内の物質の対流現象により、ベナードセルという肉眼で観察できる大きさのセル構造が形成されます（P. 151）。形成要因は、塗膜表面での温度や溶剤の蒸発速度、表面張力の不均一性が挙げられます。ベナードセルが形成されると、塗膜表面の色むら、平滑性や鮮映性不良などが生じます。表面調整剤の添加により塗膜の表面張力を均一化することにより、ベナードセルの形成を抑制でき、これらの不具合現象を防止できます。

　異物ハジキは（P. 152）原因となる物質よりも塗料の表面張力が高い場合に生じますから、表面張力を低くしておくことで防止できます。

　ワキは、塗膜内部の溶剤が抜けきらないうちに、塗膜表面の乾燥が進んで粘度が高くなり、閉じ込められた溶剤がガス状になって塗膜表面を突き破った跡が残って発生します。表面調整剤（ワキ防止剤）は塗膜表面の乾燥を遅らせ、流動性を保つことでワキを防止します。

　消泡剤が泡を消すメカニズムを**図1-32**に示します。消泡剤は塗料よりも表面張力が小さく、凝集力も小さいので、泡膜に侵入すると同時に引き伸ばされ、破れてしまいます。

第1章 塗料を作るための基礎知識

❸増粘剤の使い方

塗料状態では均一に混ざり、塗装後は分離するという、ビヒクルとの親和性が非常に微妙なものを用いる必要があります。当然、ある塗料で有効なものが別の塗料で有効とは限りません。また、塗り重ねやリコート時にハジキや密着不良の原因になったり、塗料ミストが別の塗装現場に浮遊して、ハジキの原因物質になるので、効果が大き過ぎるものを用いるのは危険です。

図 1-31　表面調整剤の塗膜表面への移行と薄膜形成

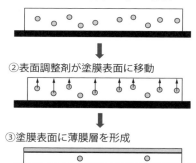

表 1-21	表面調整剤の種類
アクリル・ビニル系	ポリアルキル（メタ）アクリレート
	ポリアルキルビニルエーテル
	ポリブタジエン
	ポリオレフィン
	ポリビニルエーテル
シリコーン系	ポリジメチルシロキサン
	ポリフェニルシロキサン
	アルキル変性シロキサン
	フッ素変性シロキサン
フッ素系	フッ素系界面活性剤
	フッ素系ポリマー
その他	鉱物油
	界面活性剤

図 1-32　消泡剤の破泡メカニズム

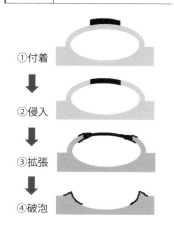

要点 ノート

塗料状態で均一に混じり、塗膜形成時に分離するよう、塗料ごとにビヒクルに最適な表面調整剤を選ぶ必要があります。密着、ハジキにも要注意です。

［5 塗料にはどんな添加剤が使われるの？

紫外線吸収剤・光安定剤の作用機構と使い方

❶紫外線吸収剤とは

塗膜や顔料が劣化する大きな要因である紫外線の光エネルギーを吸収して、劣化を防止します。現場ではUVA（Ultra Violet Absorber）と呼ぶことの方が多いかもしれません。塗料には、ベンゾトリアゾール系、トリアジン系、ベンゾフェノン系のUVAが使用されます（**図1-33**）。

❷紫外線吸収剤の作用機構

図1-33に示すように、左側の基底状態からUV光を吸収して右側の励起状態に変化します。励起状態から基定状態へは塗膜に害のないレベルの熱を出しながら戻ります。塗膜中にUVAが残存する限りこの変化を繰り返します。

❸光安定剤とは

塗膜が劣化する時に発生する種々のラジカルを捕獲し、ラジカルがさらに他の部位を攻撃して劣化が進行するのを防止します。**図1-34**に、代表的な光安定剤の化学構造式を示します。これらの例も含め光安定剤は骨格中にピペリジン環を持っており、さらに環中のアミノ基に隣接する炭素原子の水素がメチル基で置換されています。アミノ基がメチル基で隠されているのでヒンダードアミンと言い、この構造を持つ光安定剤をHALS（Hindered Amine Light Stabilizer）と呼びます。

❹光安定剤の作用機構

HALSの作用機構については様々な説があり、また複数の機構があるとされています。「アミノ基が酸化されてニトロオキサイドラジカルを生成し、バインダーが劣化してできたラジカルを補足する」などの機構が示されています。

❺UVA、HALSの使い方

両方をクリアーオーバーコートに添加するのが一般的ですが、塗料への添加も行われます。ベンゾトリアゾール系UVAは紫外光域から可視光域に吸収端が伸びているので、添加量によっては塗膜が黄色味を帯びることがあります。白色系塗料への使用には注意が必要です。UVAは顔料（特に有機顔料）の劣化防止にも効果的ですが、顔料が劣化しやすい波長を吸収するUVAを選択します。UVAの添加量は塗膜固形分に対して0.5〜5％程度ですが、バインダー

第1章 塗料を作るための基礎知識

樹脂との親和性が悪いと塗膜外へブリードしたり、下層塗膜へマイグレートして効果が無くなるので、適切なUVAを選択します。

HALS添加量の範囲もUVAと同等ですが、一般的にはUVAの量よりも少なめです（例えば塗膜に対し、UVA：HALS＝2％：1％）。HALSの塩基性度は品種によって異なり、塩基性度の高い品種を用いると酸触媒硬化系の硬化阻害を生じることがあります。

UVA、HALSの詳細については、他の総説[17]を参照してください。

図1-33 塗料で使用される紫外線吸収剤と光吸収機構

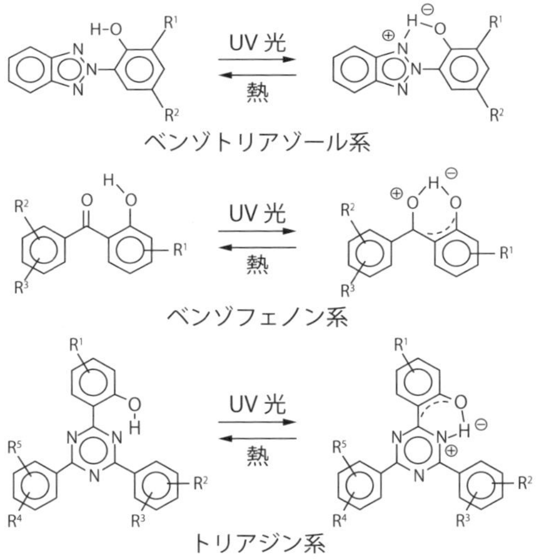

ベンゾトリアゾール系

ベンゾフェノン系

トリアジン系

図1-34 光安定剤（HALS）の例

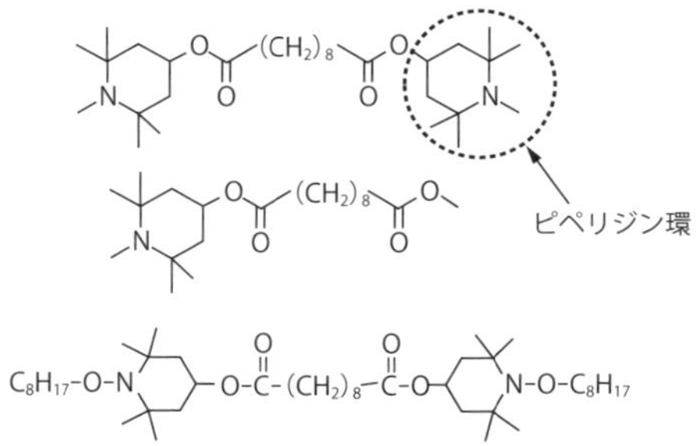

ピペリジン環

要点 ノート

紫外線吸収剤（UVA）は顔料や樹脂の紫外光による劣化を防止し、光安定剤（HALS）は劣化の過程で生成するラジカルを補足して劣化の進行を防止します。

65

コラム

● 溶解性パラメーターも表面張力も起源は同じ分子間の凝集エネルギー ●

　純粋液体の分子間凝集エネルギーから導かれたのが、溶解性パラメーター（SP）でした（P. 50）。液体のバルク中では、1つの分子の周りに他の分子が存在して分子間に凝集エネルギーが作用しています。一方、最表面の分子は、内側に向けては相互作用できる分子が存在しますが、外側に向けては相互作用できる分子が存在しません。相手のいない、不安定なエネルギーが表面に存在することになります。このエネルギーは表面自由エネルギーと呼ばれます。このような不安定なエネルギーが多く存在すると、系はエネルギー的に不利になるので、できるだけその量を減らそうと変化します。

　一番、手っ取り早いのは表面積を減らすことです。体積を一定（分子数が一定）とした時に、表面積が最小になるのは球なので、液滴は丸くなろうとします。無重力空間で水滴が球状になるのはこのためです。表面を引張って縮めるように力が働くので、これを表面張力と呼びます。固体の場合は硬くて形状を変えることができませんが、表面自由エネルギーが存在して、表面張力が働いていることに変わりはありません。

　つまり、表面張力もSPも、同じ分子間の凝集エネルギーに基づく兄弟のような物性値と言えます。水のように、表面張力の大きな液体はSPも大きな値を示しますね。

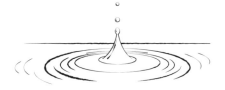

【 第**2**章 】

塗料配合の設計

【1 バインダーを選ぼう

塗料が固まるメカニズム

❶熱可塑型塗料と熱硬化型塗料

塗料が塗装され溶剤が蒸発すると、樹脂が連続相となり、顔料が分散した塗膜になります。これを塗料が「硬化した」と言います。この時にバインダー樹脂の架橋反応が生じるか否かにより、塗料は**図2-1**に示す熱可塑型塗料と熱硬化型塗料の2つのタイプに大別されます。塗料配合の設計では、まず、バインダーシステムはこのどちらにするかを決めます。

❷熱可塑（Thermoplastic）型塗料

溶剤の蒸発により、溶け広がっていた樹脂分子がくっつき合うか、絡み合って膜になるもので、ガラス転移温度が使用環境よりも高いか、分子量が大きい樹脂や結晶性の樹脂が使用されます。乾燥すると硬くて艶のある塗膜が得られますが、塗膜に熱を掛けると溶融して流動します。また、溶剤には再溶解してしまいます。ラッカー塗料と呼ばれることもあり、古くから使用されています。シンプルですが一定の性能は確保できます。

❸熱硬化（Thermosetting）型塗料

樹脂分子同士や樹脂分子と硬化剤分子が化学反応して、塗膜中で3次元架橋した塗膜になります。図2-1には硬化剤を使用した塗料を示していますが、バインダー樹脂の分子中に反応性の官能基があり、触媒や熱、光などにより反応して架橋するタイプもあります。熱硬化と呼ばれますが、酸化重合型や2液型などは室温で反応し、加熱により硬化は促進されますが、必ずしも加熱が必要とは限りません。強靭で耐薬品性や耐候性に優れた塗膜が得られます。また、塗膜は加熱による流動や溶剤への再溶解はしません。

塗料の形態としては次のようなものがあります。

①常温では反応しない硬化剤を混合した1液の塗料。加熱して硬化させる。

②常温で反応する硬化剤と、主剤（顔料、バインダー樹脂、溶剤）の2液塗料。使用する前に混合する。

③樹脂分子に含まれる不飽和結合を、ドライヤー（ナフテン酸コバルトなど）と呼ばれる触媒の存在下に酸化重合させる。塗装され空気に触れると重合が始まるので、1液常乾型である。

④硬化剤の反応性官能基をあらかじめ化学的にブロックし、バインダー樹脂と混合した1液塗料。加熱によりブロック剤が外れて反応性官能基が再生し、バインダー樹脂との架橋反応が生じる。

⑤不飽和結合を持つモノマーや、モノマーが数個つながったオリゴマーがバインダーとなる1液塗料。光や放射線を当てて硬化させる。

❹熱可塑型塗料と熱硬化型塗料に使用されるバインダー樹脂

それぞれの塗料に使用される主なバインダー樹脂と硬化剤を**表2-1**に示します。被塗物の加熱の可否や塗膜に必要な物性によって、硬化系を選択します。

図2-1 熱可塑型塗料と熱硬化型塗料

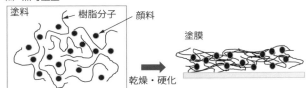

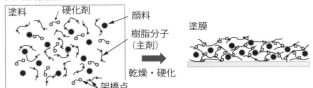

表2-1 熱可塑性、熱硬化性の塗料用バインダー樹脂

熱可塑性バインダー	熱硬化性バインダー（主剤/硬化剤）
ニトロセルロース アクリル ウレタン 塩化ゴム	長油アルキド（1液・常乾） 不飽和ポリエステル（2液・常乾、1液・加熱） ポリエステル*orアクリル/メラミン（1液・加熱） ポリエステルorアクリル/ポリイソシアネート（2液・常乾） ポリエステルorアクリル/ブロックイソシアネート（1液・加熱） エポキシorウレタン変性エポキシ/ポリアミン（2液・常乾） ポリエステル*：単油アルキドを含む

> **要点ノート**
> 塗料の硬化形式には熱可塑型と熱硬化型があります。塗料の設計では、まず、被塗物の加熱の可否や塗膜に必要な物性によって、硬化系を選択します。

【1　バインダーを選ぼう

常温で固まる１液型バインダー樹脂

　常温で固まる塗料を常乾塗料と呼びます。１液の常乾塗料に使用されるバインダー樹脂には「熱可塑型」と「熱硬化型」の２つのタイプがあります。

❶熱可塑（ラッカー）型

　溶剤の蒸発により、溶け広がっていた樹脂分子がくっつき合うか、絡み合って膜になるもので、樹脂分子同士の反応による架橋はありません。このため、耐溶剤性は不良です。

　使用される樹脂とその特徴、主な用途を表2-2に示します。ガラス転移温度が高いか、分子量が大きい樹脂なので、扱いやすいように溶剤に溶解したワニスの形で供給され、ワニス中の固形分濃度も他の樹脂ワニスに比べると低めです。溶剤には、ナフサ、キシレン、トルエン、ケトン（メチルエチルケトン、アセトン）など、蒸発が速くて溶解力の強いものが使用されます。

❷熱硬化型

　樹脂分子に反応性官能基があり、塗装後に外気に触れることによって架橋反応が生じるもので、酸化重合型と湿気硬化型が代表的です。

❸酸化重合型

　二重結合の多い油（乾性油と呼ばれます）で変性された樹脂で、長油もしくは中油のアルキド樹脂が代表的です。良好な外観が得られ、耐久性もあります。他にも油変性ポリウレタン樹脂やアクリル変性アルキド樹脂などがあります。建築用塗料、建設機械用塗料などに使用されます。

　乾性油の酸化重合機構を図2-2に示します。乾性油に含まれるリノール酸やリノレイン酸で、二重結合の中間のメチレン基（活性メチレン基）が酸素の攻撃を受けて過酸化物となります。生成した過酸化物は分解してラジカルになり、他の樹脂分子中の二重結合や活性メチレン基と反応して架橋します。これらの反応は、あらかじめ添加するドライヤーの働きによって進行します。ドライヤーは金属石鹸の一種で、ナフテン酸コバルトが代表例です。活性メチレン基の水素引き抜きと、生成した過酸化物の分解を促進します。乾燥時間は油長、ドライヤー種、温度などに依存しますが、５時間〜１日程度です。

第2章 塗料配合の設計

❹湿気硬化型

ポリオールと2官能イソシアネートをNCO/OH＞1の条件で反応させ、末端に未反応のNCO基を残したポリウレタン樹脂です。塗装後、空気中の水分と未反応のNCO基が反応し、尿素結合で樹脂分子間に架橋が生じます（図1-11）。湿度や温度が高いほど硬化反応が早く、強靭で耐摩耗性に優れた塗膜を形成します。水分に敏感なので、塗料中の水分除去や顔料による不純物の持ち込みに注意が必要です。耐摩耗性に優れており、床用塗料などに用いられます。

表 2-2 ラッカー塗料用バインダー樹脂

樹脂名	化学構造	特　徴	主な用途
ニトロセルロース	セルロースの硝酸エステル	速乾性、硬質・強靭な膜を形成 しっとり感のある仕上がり 耐候性は不良で屋外用途には不適 第5類危険物（自己反応性物質）に該当 加熱、衝撃などで発火	木工用塗料 金属用塗料
アクリル	P.16参照	密着性、作業性が良好	プラスチック用塗料 建築用塗料 金属用塗料
ポリウレタン	P.24参照	弾力性に富み、強靭で、耐摩耗性、密着性、耐薬品性が良好	建築用塗料 防食塗料上塗り
塩化ゴム	天然ゴムやポリオレフィン樹脂を塩素化したもの	速乾性、耐水性、耐酸・アルカリ性が良好 塗り重ね付着性良好 脱塩酸反応による鋼腐食の可能性	防食塗料上塗り

図 2-2 乾性油の酸化重合機構

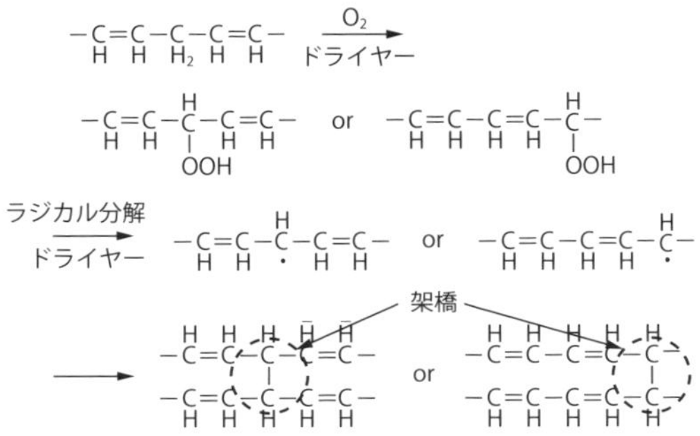

要点 ノート

1液常乾型塗料用バインダー樹脂には、熱可塑型と熱硬化型があり、熱可塑型はラッカーとも呼ばれ塗料設計は一番シンプルです。熱硬化型では酸化重合型の中・長油アルキドと湿気硬化型ポリウレタンが代表例です。

〔1〕 バインダーを選ぼう

分散した樹脂粒子が融着して固まるエマルション樹脂

❶エマルション樹脂とは

　分散した粒子状で水の中に浮かんでいる樹脂のことで、樹脂の形態を示します。アクリル樹脂やビニル樹脂の他、ポリエステル樹脂やポリウレタン樹脂のエマルションがあります。

❷樹脂の作り方

　大きく分けると次の3つの方法があります。

①樹脂を無溶剤もしくは有機溶剤中で合成し、乳化剤を用いて機械力で水中に分散させる方法（強制乳化法）

②親水性官能基を持つ樹脂を無溶剤もしくは有機溶剤中で合成し、機械力で水中に分散させる方法（自己乳化法）

③（メタ）アクリル系やビニル系モノマーを水中で乳化重合もしくは懸濁重合させる方法

　①と②は他のバインダー樹脂と混合して用いることが多く、③はそれ自身が常乾水性塗料用のバインダー樹脂として使用されます。建築塗料のエマルション樹脂塗料のバインダー樹脂は③です。

❸エマルション樹脂の造膜メカニズム

　溶剤に溶解したバインダー樹脂の塗膜形成メカニズム（図2-1）と、分散型樹脂の造膜メカニズムは異なります。図2-3に示すように、溶剤の水が蒸発して無くなると、粒子同士が接触します。この時に粒子表面が軟らかいと融着して連続した膜になり、さらに粒子に含まれる揮発成分が蒸発して造膜が完了します。最近ではエマルション粒子の中に硬化剤を混合したり、樹脂分子に反応性の官能基を持たせ、粒子間に架橋反応が生じるエマルション樹脂も登場しています。

❹最低造膜温度と造膜助剤

　粒子同士が接触した時に表面が軟らかければ融着しますが、硬いと融着せず連続膜になりません。粒子表面の硬さは樹脂のガラス転移温度、エマルション粒子の構造（コアーシェル型など）、乾燥温度などに依存します。乾燥温度が高くなる程粒子表面は軟らかくなって、一定の温度以上で連続膜を形成するよ

うになります。この温度を最低造膜温度MFT（Minimum Film-forming Temperature）と呼びます。MFTが異なる種々のエマルション樹脂がありますので、使用目的に応じて適切なものを選択します。

MFTが低い程、低温でも造膜性があり、冬場でも塗装作業ができるのですが、反面、膜は軟らかくなって力学的強度が不足するなどの欠陥が生じます。この背反事象を解決するために使用されるのが造膜助剤です。造膜助剤は樹脂粒子表面を膨潤・溶解させて融着を促進します。**表2-3**に水性塗料用の造膜助剤を示します。樹脂との親和性と造膜後の蒸発速度が適切なものを選択します。

| 図 2-3 | エマルション樹脂の造膜機構 |

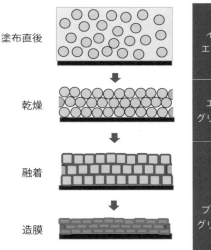

| 表 2-3 | エマルション樹脂塗料用造膜助剤 |

イソ酪酸エステル系	2,2,4-トリメチル-1,3-ペンタンジオール-2-メチルプロパノアート（CS-12） 2,2,4-トリメチル-1,3-ペンタンジオールイソブチラート（CS-16）
エチレングリコール系	ジエチレングリコール-n-ブチルエーテル（ブチルカービトール） エチレングリコール-n-ブチルエーテル（ブチルセロソルブ）
プロピレングリコール系	ジプロピレングリコール-n-プロピルエーテル（DPnP） プロピレングリコール-n-ブチルエーテル（PnB） ジプロピレングリコール-n-ブチルエーテル（DPnB） ジプロピレングリコールメチルエーテルアセテート（DPMA） プロピレングリコールフェニルエーテル（PPH）

要点 ノート

エマルション樹脂は樹脂粒子が融着して塗膜を形成します。樹脂を構成するモノマー種とともに、最低造膜温度や造膜助剤の選定が造膜性と膜性能を両立する鍵になります。

【1】バインダーを選ぼう

使用前に主剤と硬化剤を混合する常温硬化の2液バインダーシステム

　2液常乾型塗料用の主なバインダーシステムを**表2-4**に示します。2液常乾塗料は諸耐久性能が良好な塗膜が得られますが、ポットライフがあり、残存塗料の洗浄も必要なので、ライン塗装での使用には限界があります。ポリオール樹脂／ポリイソシアネートとエポキシ樹脂／アミンの硬化系が代表的です。

❶ポリオール樹脂／ポリイソシアネート系

　このバインダー系の塗料は「2液ウレタン樹脂塗料」と呼ばれ、イソシアネート基（NCO）と水酸基（OH）とのウレタン化反応（P. 22）により3次元架橋します。ポリオール樹脂は第1章のポリエステル樹脂（アルキド樹脂）、アクリル樹脂などで、水酸基価が30〜150程度のものを用います。最近ではフッ素樹脂、シリコーン樹脂も用いられます。ポリイソシアネートは表1-6の高分子量化した変性体を使います。NCO/OHのモル比は通常0.8〜1.5程度です。TDIのような芳香族イソシアネートは反応性が高い反面、黄変性があり、上塗り塗料には使用されません。HDI系やIPDI系は耐候性が良く仕上がり外観も良好なので、自動車、自動車補修などの上塗り塗料に用いられますが、反応性が低いため、触媒（有機スズ錯体など）の添加や加熱が必要なことがあります。

　塗料主剤は、ポリオール樹脂、顔料、溶剤を含み、硬化剤はポリイソシアネートと溶剤を含むのが一般的で、主剤：硬化剤の混合比は4：1〜10：1程度に設定されているようです。

❷エポキシ樹脂／アミン系

　図1-7に示したエポキシ基とアミノ基の付加反応を利用する硬化系です。主剤となるエポキシ樹脂はビスフェノールA型（図1-6）が用いられ、重合度nの異なるものを複数組み合わせることもあります。被塗物への密着性、耐溶剤性、耐薬品性、耐食性が良好なので、さび止め塗料や下塗り塗料に用いられますが、紫外線に弱いので、屋外での上塗りとしての使用には適しません。

　エポキシ樹脂の硬化剤としては脂肪族ポリアミンが一般的なのですが、ポットライフが30分前後と短すぎるので、塗料用としては変性脂肪族ポリアミンやポリアミドアミン、ケチミンなどが用いられます。変性脂肪族アミンにはア

ミンをエポキシ樹脂とあらかじめ反応させたものや、マンニッヒ反応物などがあります。

ポリアミドアミンは不飽和脂肪酸重合物などの多価カルボン酸とポリアミン類を反応させたもので、分子中にアミド結合と多くのアミノ基を有し、比較的分子量の大きな化合物です。アミン系硬化剤の中では臭気や毒性が低く、接着性、強靭性、可撓性、防食性に優れた硬化物を形成します。

配合ではエポキシ当量とアミン当量を合わせるのが基本ですが、各種耐久性能を考慮した微調整が必要です。硬化剤を過剰にすると耐水性が不良になりますが耐溶剤性、耐薬品性は向上します。エポキシ基が過剰の場合は耐水性が向上しますが、耐溶剤性、耐薬品性が不良となります。

主剤は、エポキシ樹脂、顔料、溶剤を含み、硬化剤はアミンと溶剤を含むのが一般的で、主剤：硬化剤の混合比は1：1～5：1程度に設定されているようです。

❸不飽和ポリエステル樹脂塗料

マレイン酸のような不飽和結合を持つモノマーを共縮合させたポリエステル樹脂とビニル系モノマー（多くの場合スチレンモノマー）が主剤で、反応開始剤（有機過酸化物）と硬化促進剤（有機金属塩）を加える2液塗料です。厚塗、短時間乾燥が可能で、化学抵抗性、耐熱性に優れ、主に木製家具に使用されます。

表 2-4 | 2 液常乾塗料用の主なバインダーシステム

| 塗料の名称 | バインダーシステム | | 触媒・開始剤・促進剤 |
	主剤	硬化剤	
2液ウレタン樹脂塗料	ポリオール樹脂（アルキド、ポリエステル、アクリルなど）	ポリイソシアネート	有機スズ化合物
エポキシ樹脂塗料	エポキシ樹脂	変性脂肪族アミンポリアミドアミンケチミン	3級アミン
不飽和ポリエステル樹脂塗料	不飽和ポリエステル樹脂、ビニル系モノマー（スチレンなど）		有機金属塩（ナフテン酸コバルトなど）有機過酸化物

要点 ノート

2液常乾塗料の代表的なバインダーシステムには、ポリオール樹脂／ポリイソシアネート系とエポキシ樹脂／アミン系があります。耐候性が重要な場合は前者を、密着性や耐食性が重要な場合は後者を選択します。

【1 バインダーを選ぼう

加熱して固める
バインダーシステム

　主剤樹脂と常温では反応しない硬化剤が混ざった1液焼付塗料用のバインダー樹脂システムです。主にライン塗装で用いられ、焼付炉（乾燥炉、オーブン）で加熱して硬化させます。塗装にはエアスプレーや回転霧化型塗装機、ロールコーター、カーテンフローコーターなどが用いられます。塗装後、焼付けまでの溶剤を揮発させる時間をセッティング時間もしくはフラッシュオフ時間と呼びます。ライン塗装では塗装時間、セッティング時間、焼付時間などがきちんと定められています。常乾型塗料に比べると、塗装後、短時間に高耐久、高耐候の硬化塗膜が得られますが、加熱温度や加熱時間に過不足があると、塗膜品質が設計値から大きく外れることがあります。また、被塗物は耐熱性のあるものに限定されます。

　代表的なバインダーシステムは**表2-5**に示すように、ポリオール樹脂をメラミンで架橋させるか、ブロックイソシアネートで架橋させるシステムです。

❶ポリオール樹脂／メラミン樹脂系

　ポリオール樹脂は第1章で示した各種樹脂で、水酸基価が30〜150程度のものを用います。ポリオール樹脂とメラミン樹脂の混合比率は固形分比で8:2〜4:6程度で、加熱の温度と時間は様々です。例えば一般工業用では140℃×15分、プレコートメタルでは200℃×1分のような設定がされています。メラミン樹脂とポリオール樹脂の水酸基との反応は、図1-8の①アルキロール基との脱アルコール反応、もしくは②水酸基との脱水反応となります。反応には酸触媒が必要で、ポリオール樹脂に6〜20程度の酸価を持たせておくか、パラトルエンスルホン酸などを添加します。生成する塗膜構造の模式図を**図2-4**に示します。

　架橋塗膜の性質は、基本的には主剤となるポリオール樹脂の特徴を示しますが、常乾塗膜に比べて、高硬度で高耐久、高耐候性となります。また、メラミン樹脂は次のブロックイソシアネートに比べると安価です。

❷ポリオール樹脂／ブロックイソシアネート系

　常温硬化の2液ウレタン樹脂塗料と同様に、ポリオール樹脂の水酸基とポリイソシアネートとのウレタン架橋で塗膜を形成します。ポリイソシアネートが

ブロック剤で保護されているので常温では反応せず、1液塗料とすることができます。塗装後、ブロック剤の解離温度以上に加熱することにより、図1-10のようにブロック剤が解離してNCO基が再生して、ポリオール樹脂の水酸基との架橋反応が生じます。有機スズ系などの触媒が添加されます。生成する塗膜は、基本的には主剤となるポリオール樹脂の特徴を示しますが、ウレタン構造特有の強靭で可撓性に富んだ性質を示します。

離脱したフェノールやカプロラクタムなどのブロック剤は、乾燥炉内や排気ダクトにヤニとなって付着するのが欠点です。

表 2-5 | 1 液焼付塗料用の主なバインダーシステム

主　剤	硬化剤
ポリオール樹脂 ・アルキド樹脂 ・アクリル樹脂 ・オイルフリーポリエステル樹脂 ・塗料用フッ素樹脂 ・シリコーン樹脂 ・エポキシポリオール樹脂	メラミン樹脂 ブロックイソシアネート

図 2-4 | ポリオール樹脂とメラミン樹脂の架橋反応

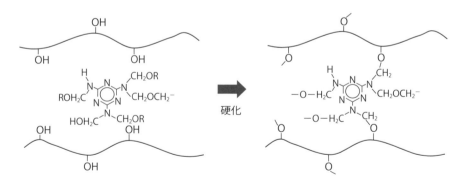

要点 ノート

焼付塗料に使用される代表的なバインダーシステムでは、ポリオール樹脂をメインバインダーとし、硬化剤には、安価なメラミン樹脂か、強靭で可撓性に富む塗膜を形成するブロックイソシアネートが使用されます。

【1】 バインダーを選ぼう

紫外光を当てて固める
バインダーシステム

❶ UV硬化塗料

　紫外光（UV光）を照射して固める塗料を「UV（硬化）塗料」と呼びます。極めて短時間（数秒）で硬化し、また、低温で硬化するため、熱に弱い被塗物にも適用可能です。架橋密度が高いため、高硬度で耐薬品性、耐摩耗性、耐溶剤性の優れた塗膜が得られます。

❷ バインダーシステム

　バインダーシステムは、二重結合を持つプレポリマー、重合性モノマーと光重合開始剤で構成されます（**表2-6**）。

　プレポリマーは分子量が1,000～2,000程度の重合体（オリゴマー）で、側鎖や末端には二重結合が存在しますが、モノマー間の重合様式はウレタン結合、エポキシ基の重合反応、エステル結合、ラジカル重合など様々です。密着性や可撓性などモノマーだけでは不足する性能を付与します。

　代表的な重合性モノマーの化学構造式を**図2-5**に示します。重合性モノマーの分子量は一般的な有機溶剤と同等なので、塗料中ではプレポリマーを溶解し塗料粘度を低く保つ働きをしますが、他のモノマーやオリゴマーと重合して塗膜の一部になります。このため、液状にも関わらず構成成分が100％塗膜になり、揮発分がゼロの塗料が設計可能です。このように溶剤のような働きをしながら塗膜の構成成分になるものを反応性希釈剤と呼びます。モノマーは、反応性、臭気、毒性、塗装環境で揮散しないこと、などの観点で選択されます。

　光重合開始剤は大別すると、「分子が直接開裂してラジカルを発生するタイプ（分子内開裂型）」と、アミンのような「他の分子と水素や電子のやり取りをしてラジカルを発生するタイプ（水素引抜型・電子供与型）」の2種類があります。実際の塗料には顔料や紫外線吸収剤、光安定剤、貯蔵中の安定化のための重合禁止剤などが配合されるので、これらとの兼ね合いで適切な品種を選択することが重要です。具体的な品種等詳細は他書[18]を参照してください。

第 2 章　塗料配合の設計

表 2-6 ｜ UV 硬化塗料用バインダーシステムの構成成分

構成成分		特徴・機能
重合性二重結合を持つプレポリマー	ウレタンアクリレート	強靭性・可撓性
	エポキシアクリレート	密着性・耐薬品性
	ポリエステルアクリレート	高硬度・耐汚染性
	アクリルアクリレート	耐候性・耐薬品性・耐汚染性
重合性モノマー（反応性希釈剤）	単官能アクリレート	鎖延長
	二官能アクリレート 多官能アクリレート	分岐・架橋
光重合開始剤	分子内開裂型 水素引抜型・電子供与型	UV光照射でラジカルを発生

図 2-5 ｜ 代表的な UV 塗料用重合性モノマー

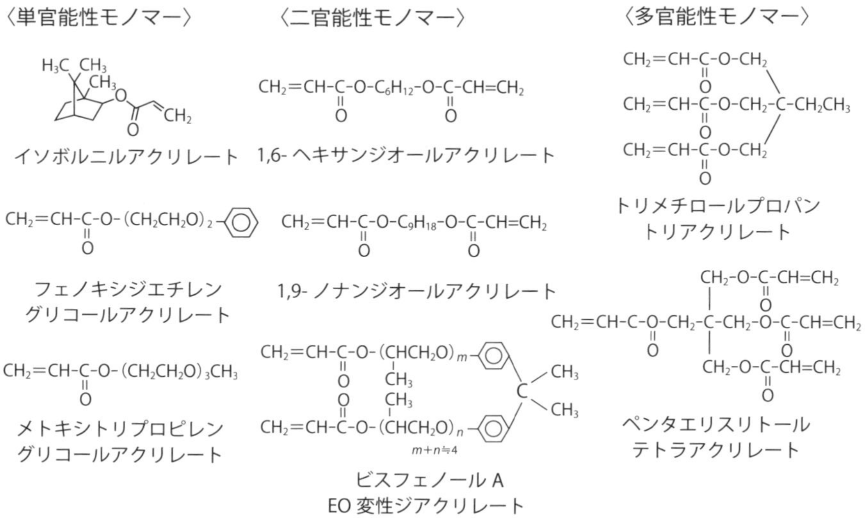

〈単官能性モノマー〉

イソボルニルアクリレート

フェノキシジエチレングリコールアクリレート

メトキシトリプロピレングリコールアクリレート

〈二官能性モノマー〉

1,6-ヘキサンジオールアクリレート

1,9-ノナンジオールアクリレート

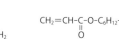

ビスフェノール A
EO 変性ジアクリレート

〈多官能性モノマー〉

トリメチロールプロパントリアクリレート

ペンタエリスリトールテトラアクリレート

> **要点ノート**
> UV 硬化系は二重結合を持つプレポリマーとモノマー、および光重合開始剤で構成され、UV 光照射により重合開始剤から発生したラジカルによる重合反応で瞬時に硬化します。

【1】 バインダーを選ぼう

強靭な塗膜を作る
バインダーシステム

❶強靭な塗膜とは

　図2-6は塗膜を被塗物から引き剥がし、一定の速度で引張った時の、力の大きさ（応力）とひずみ（元の長さに対する変形量の比率）との関係を示したものです。これを応力‒ひずみ曲線と呼びます。ひずみが小さい時には、ゴムを引張った時と同様に、力とひずみは比例関係にあり、力を取り除くと元の長さに戻ります。この時の比例係数をヤング率と言います。

　ある量以上にひずみが大きくなると、塗膜はさほど力を増やさなくてもズルズルと簡単に伸びるようになり、力を取り除いても元の長さには戻らなくなります。この点を降伏点と呼びます。さらに塗膜を伸ばし続けると、塗膜は破断してしまいます。この点を破断点と呼びます。また、降伏点と破断点における力の大きさを、それぞれ降伏応力、抗張力と呼びます。

　塗膜が硬いということはヤング率が大きいということですが、強靭な塗膜というと単純に硬いだけではなく、可撓性があり、被塗物の変形で引き延ばされても破断しないことが必要です。塗膜が硬い、軟らかい、強い、弱いなどと言われますが、これらの表現と応力‒ひずみ曲線の形状との関係を図2-7に示します。

　塗膜のヤング率、降伏応力、抗張力、破断伸びは、バインダーシステムを構成する樹脂のガラス転移温度、架橋密度、樹脂の分子間力などに支配されます。許される硬化条件やコストを前提として、樹脂種の選択や硬化剤との配合比率の調整をします。

❷ガラス転移温度

　結晶性を持たない高分子の温度を上げて行くと、急激にヤング率が低下することが知られており、この温度をガラス転移温度（Tg）と呼びます。Tg以下の温度では、ゴム状態からガラスのように固くなるのでこの名があります。バインダー樹脂の構造中にベンゼン環が含まれていたり、メタクリレート系モノマーの量が多いと（アクリル系樹脂の場合）、Tgが高い樹脂となって硬い塗膜になります。熱可塑性塗料、熱硬化性塗料共通の要因です。

80

❸架橋密度

　熱硬化性塗料における単位体積当たりの架橋点の数で、樹脂の分子量と架橋性官能基の量、硬化剤との配合比率などで調整します。架橋密度が高いと、樹脂網目が密になり変形し難くなるので、ヤング率が高い、硬くて強い膜になります。逆に、架橋密度が低いと、軟らかくて伸びる塗膜になります。ただし、架橋点に応力が集中して切断が生じ、降伏応力や抗張力が小さい弱い塗膜になる場合もあります。

❹分子間力

　樹脂同士の引力が小さいと、分子間での滑りが生じて、降伏応力や抗張力が小さいだけでなく、破断伸びも短くなります。極性官能基の多い樹脂や、結晶性のある樹脂は分子間力が大きいのですが、溶剤への溶解性が不良となったり、溶解する溶剤の範囲が狭くなります。

図 2-6　塗膜の応力-ひずみ曲線

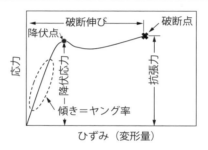

図 2-7　塗膜の性質と応力-ひずみ曲線の形状

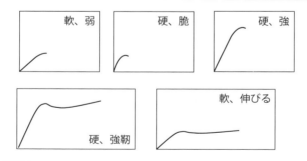

> **要点 ノート**
> 強靭な塗膜を得るためには、樹脂のガラス転移温度や架橋性官能基の量、硬化剤との配合比率などを調整し、ヤング率、降伏応力、抗張力、破断伸びを極大化させます。

【2 ビヒクルを決めよう

ビヒクルシステムの設計

❶ビヒクルとは

　展色剤と訳します。元来、ビヒクル（Vehicle）は車両、乗り物の意味で、塗料では連続相を形成する成分を指します。さしずめ、「顔料（分散相）の乗り物」といったところでしょうか。ビヒクルの主要な構成成分はバインダー樹脂と溶剤で、さらに硬化剤や添加剤なども含みます。

❷ビヒクルの配合例

　表2-7に1液熱硬化型アクリル-メラミン樹脂塗料のモデル配合を示します。実際の塗料では更に多様な添加剤や、樹脂種、溶剤種が配合されます。表の顔料以外の成分がビヒクルです。塗膜に要求される性能は多様で、中には相反するものもあり、一品種の主剤アクリルポリオール樹脂だけでは対応できないので、このモデル配合では分子量やSP値などが異なる2種のアクリル樹脂が使用されています。実際の塗料では、複数のメラミン樹脂を併用する場合や、さらにエポキシ変性（密着性）やアルキド変性（可撓性、溶解性）のアクリル樹脂などを添加して塗膜物性を改良することもあります。

❸顔料分散ビヒクル

　顔料分散工程は作業工数も消費エネルギーも大きいので、全ビヒクルに対して顔料を分散させるのは非効率です。顔料分散は最小限必要な成分のみで行うのが基本で、この意味では分散配合は顔料、顔料分散剤、溶剤のみで良いのですが、溶解工程で濃厚な樹脂ワニスを投入する際に、溶解ショックと呼ばれる濃度差に起因する顔料凝集が生じることがあります。表2-7に示すように、バインダー樹脂の一部（アクリル樹脂A）を分散配合に添加しておくことで、溶解ショックを防止できます。ビーズミル分散ではビヒクル粘度は低い方が良いので、例では比較的低分子量のアクリル樹脂Aが配合されています。溶剤1は顔料分散剤とアクリル樹脂Aの良溶剤を選びます。分散配合のみの組成物は、分散ペースト、ミルベース、種ペンなどと呼ばれます。

❹溶解ビヒクル

　溶解工程で残りのバインダー樹脂や添加剤を加えます。溶剤2は溶解配合の粘度を下げ、均一に混合しやすくするもので、各成分の良溶剤を選択します。

複数種類の溶剤が添加されることもまれではありません。分散工程では局所的に高熱になる場合もあるので、硬化剤は原則的に溶解工程で加えます。表2-7の溶解配合をタンクで均一に混合して溶解ビヒクルを作成し、分散ペーストを撹拌しながら徐々に溶解ビヒクルを加えるのが溶解ショックを防止する意味では理想的です。製造現場では工数の点でなかなか困難ですが、少なくとも分散ペーストをよく撹拌しながら、各溶解成分を徐々に加えて急激な濃度変化が生じないようにします。

❺粘度調整

溶剤を加えて塗装作業に適した粘度に調整します。表2-7の例は焼付硬化型のアクリル-メラミン樹脂塗料ですので、エアスプレーなどで塗装されますが、塗装時の微粒化（低粘度が良いが固形分濃度は下げたくない）、塗着後のレベリングと垂直面のタレ防止など、塗膜形成までに様々な課題があります。これは溶剤組成で、ある程度制御が可能です。

表2-7で、溶剤3は主剤のアクリル樹脂の貧溶剤で、比較的蒸発が速い溶剤です。樹脂分子の広がりを抑制することで、塗料粘度を低下させるので、塗装時の固形分濃度をあまり低下させずに済みます。塗装後は、まず蒸発が速い貧溶剤が蒸発するので塗膜異常は生じません。次いで溶剤2が蒸発して粘度が上昇し、タレが抑制されますが、蒸発速度が遅くて良溶剤の溶剤4が少量ながら最後まで塗膜に残留してレベリングのための流動性を保持します。夏は蒸発が速くなるので、溶剤2を蒸発が遅い溶剤2'に変更することもあります。

表2-7 アクリル-メラミン樹脂系焼付塗料のモデル配合

プロセス	配合成分	配合量（固形分量）
分散	アクリル樹脂A（60%）（分子量低）	20（12）
	溶剤1	30
	顔料分散剤（50%）	4（2）
	有機顔料	10
溶解	アクリル樹脂B（50%）（分子量高）	28（14）
	メラミン樹脂（60%）	20（12）
	溶剤2	12
	表面調整剤	0.5
	硬化触媒	0.5
粘度調整	溶剤2	10
	溶剤3（貧溶剤、蒸発速度高）	10
	溶剤4（良溶剤、蒸発速度低）	5
	合計	150

要点 ノート

ビヒクルシステムの設計では、塗料性能、塗料製造プロセス、塗装プロセスを念頭に置いた、樹脂、硬化剤、溶剤、添加剤の選択をします。それぞれ複数種類の品種を選択することがあります。

【2】 ビヒクルを決めよう

弱溶剤塗料と高固形分塗料のビヒクルシステム

　有機溶剤は塗料用溶剤として古くから多量に使用されてきましたが、大気汚染や塗装作業者に対する毒性・臭気の問題を抱えています。塗料中の含有量を削減する努力がなされ、今日ではUV塗料や粉体塗料のように有機溶剤を全く含まない塗料、溶剤を無害の水に変えた水性塗料が実用化されていますが、従来型塗料のような塗膜性能、塗装作業性を獲得するまでには至っていません。弱溶剤型塗料や高固形分塗料は、有機溶剤を使用することで従来型塗料とほぼ同等の使い勝手を維持しながら、上記の問題点の軽減を図った塗料の形態です。

❶弱溶剤塗料とは

　溶剤が毒性・臭気の少ない脂肪族炭化水素や芳香族炭化水素など、労働安全衛生法の第3種有機溶剤および第3種有機溶剤に相当する溶剤（弱溶剤と呼ばれます）である塗料です。

　現場塗装される塗料で、特に鋼構造物の防食塗装用途に使用されます。防食塗装では元来、フタル酸樹脂塗料やアルキド樹脂塗料など弱溶剤塗料が用いられてきたのですが、防食性や長期耐久性の点で2液型のエポキシ樹脂系やウレタン樹脂系に置換されました。これらの塗料系では、樹脂の溶解性の制約から、トルエンやキシレン、メチルイソブチルケトン（MIBK）などの強溶剤と呼ばれる溶解性の高い溶剤を使用していましたが、近年になって弱溶剤に溶ける変性エポキシ樹脂や変性ポリイソシアネートが開発され、弱溶剤2液型塗料が製造可能となっています。

　樹脂の溶解力が低いので弱溶剤と言われますが、「溶解力」という物性値がある訳ではなくSP値が異なるだけです。弱溶剤のSP値は$14 \sim 17\,\mathrm{MPa}^{1/2}$程度で、強溶剤は$18 \sim 20\,\mathrm{MPa}^{1/2}$程度です。エポキシ樹脂やウレタン樹脂は$20 \sim 25\,\mathrm{MPa}^{1/2}$ですので、「SP値の似た者同士は良く混じる・溶ける」の原則で、よりSP値の近い強溶剤の方が、溶解性があるにすぎません。

　したがって、エポキシ樹脂やポリイソシアネートを長鎖アルキル基などで変性してSP値を小さくし、弱溶剤への溶解性が改善された樹脂が、弱溶剤型塗料に用いられます。**図2-8**に弱溶剤塗料用の変性エポキシ樹脂の例[19]を示し

ます。アルキル基の導入によりSP値の低下が図られています。

　弱溶剤塗料系でのビヒクル設計では、バインダーだけでなく顔料分散剤などの添加剤も、低SP値溶剤に溶解する品種を選択する必要があります。

❷高固形分塗料とは

　ハイソリッド塗料とも呼ばれ、溶剤の種類は従来型と同等ですが含有量が少なく、固形分（塗膜になる成分）が多い塗料のことです。日本塗料工業会「環境配慮塗料の種類と内容（平成21年改訂版）」では、VOC（揮発性有機溶剤含有量）30%以下、または塗装時VOCが420 g/L以下の塗料と規定されています。塗料状態や塗装時の粘度を増加させずに、従来型塗料よりも固形分濃度を高くするために、低分子量で低Tgのバインダー樹脂と多量の硬化剤が採用されます。このため、硬化不足で硬度が不十分であったり、硬化を進めると硬いが脆くなったりと、脆弱な塗膜になりがちです。硬化触媒や可塑効果のある成分の添加が必要となります。

　従来型塗料ではバインダー樹脂の吸着で分散安定化ができる顔料（主に無機顔料）がありますが、高固形分塗料では分子量が低いので顔料分散剤の配合が必要となります。また、溶剤蒸発に伴う塗料粘度の変化が小さいので、塗装作業性確保のための適切な増粘剤（レオロジーコントロール剤）が必要です。

図2-8　弱溶剤用変性エポキシ樹脂の例 [19)]

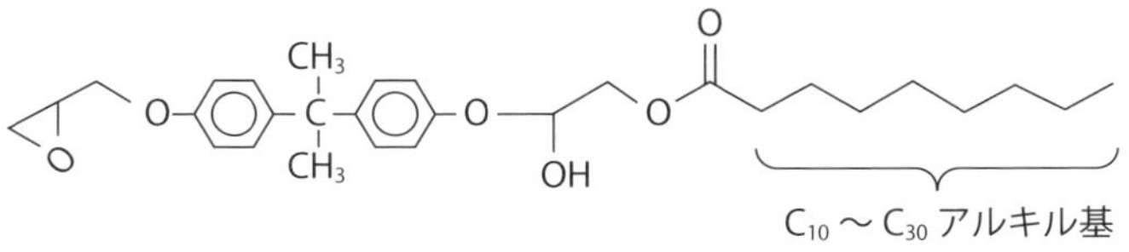

ビスフェノール A 型エポキシ樹脂の脂肪酸変性物

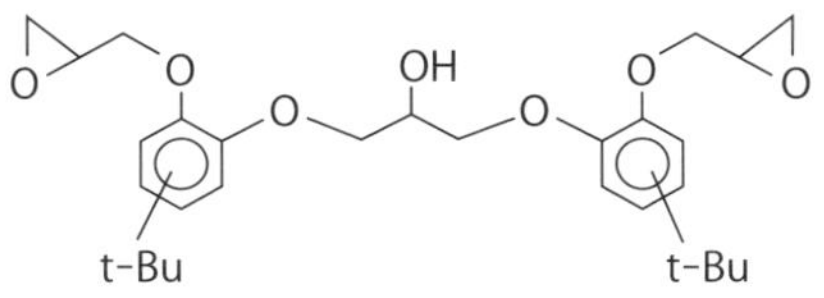

アルキルジフェノールのグリシジルエーテル

要点　ノート

弱溶剤塗料は溶剤の SP 値が低いので、バインダー樹脂も含めて添加剤も低極性の成分を選択します。高固形分塗料では、塗膜の脆弱性と顔料の分散安定性への考慮が必要です。

【2 ビヒクルを決めよう

水性塗料のビヒクルシステム

❶水性塗料用樹脂

　表1-16に示したように水は特異な溶剤なので、有機溶剤系塗料で使用されるような樹脂は、水中に安定に存在することができません。水性塗料に用いられる樹脂を大別すると次のとおりです。

①アクリル樹脂やポリエステル樹脂、ポリウレタン樹脂に酸価60〜150程度になるようにカルボキシル基を導入し、アンモニアやアミンで中和した高分子電解質の水溶性樹脂

②ポリエチレンオキサイドや単核メチル化メラミンのような水溶性樹脂

③水不溶性の樹脂が水中に分散したエマルション樹脂

　①の高分子電解質樹脂のカルボキシル基は、水中では中和により解離して親水性度の大きいCOO⁻になっていますが、乾燥時に水とともに中和剤も揮散して元のCOOHに戻るので、親水性は大幅に減少します。②の水溶性樹脂は、水への溶解安定性は良いのですが、硬化後の塗膜中でも親水性が残存するので、配合量が多いと耐水性不良を生じます。③についてはP.72を参照してください。

❷エマルション樹脂塗料用ビヒクルの例

　表2-8にモデル配合を示します。顔料の分散安定化には水溶性樹脂の吸着が必要です。エマルション樹脂には顔料の分散安定化効果はない上に、分散機のせん断力や衝撃力で樹脂粒子が破壊されたり合一したりするので、分散配合には加えません。造膜助剤や増粘剤は顔料やエマルション粒子の分散安定性に影響することがあるので、分散剤や顔料種との兼ね合いで品種選定には十分なチェックが必要です。

　溶解配合成分を加える時の注意事項は前項と同様ですが、エマルション樹脂塗料の顔料分散配合には、樹脂成分は基本的に顔料分散剤しか入っていません。濃度差による溶解ショックに注意します。

❸水溶性アクリル-メラミン樹脂塗料用ビヒクルの例

　表2-9にモデル配合を示します。表2-7と同様、溶解ショックを防止するために顔料分散配合にバインダー樹脂の一部が入っています。水性塗料の場合、

第2章 塗料配合の設計

顔料への樹脂吸着が疎水性相互作用で進行するので、バインダー樹脂のモノマー配合や顔料種、目標分散度によっては、顔料分散剤無しでも実用に耐える分散ペーストが設計できます。溶解配合のメラミン樹脂は単核のメチロール化メラミンに近いもので、親水性度の高いものを示していますが、上述のように硬化塗膜の耐水性に問題が生じることもあります。

表2-8 エマルション樹脂塗料のモデル配合

プロセス	配合成分	配合量（固形分量）
分散	顔料分散剤（20%）	3.5（0.7）
	水	20
	消泡剤	0.25
	二酸化チタン顔料	18.5
溶解	アクリルエマルション樹脂（50%）	50（25）
	造膜助剤	5
	増粘剤（30%）	2（0.6）
	防腐剤（20%）	0.5（0.1）
	消泡剤	0.25
粘度調整	水	適宜
	合計	100

表2-9 水溶性アクリル-メラミン樹脂系焼付塗料のモデル配合

プロセス	配合成分	配合量（固形分量）
分散	アクリル樹脂（80%）	12.5（10）
	中和アミン	0.5
	水	26.5
	顔料分散剤（50%）	2（1）
	消泡剤	0.25
	二酸化チタン顔料	27.5
	体質顔料	7.5
溶解	アクリル樹脂（80%）	6.25（5）
	中和アミン	0.25
	水	10
	水性メラミン樹脂（75%）	6（4.5）
	消泡剤	0.25
	硬化触媒（10%）	0.5
粘度調整	水	適宜
	合計	100

要点 ノート

水性塗料用ビヒクルの設計では、塗膜形成後の耐水性と塗料状態での水和安定性の両立が設計の要点です。顔料分散配合には、エマルション樹脂のような分散型樹脂は加えません。

【2 ビヒクルを決めよう

粉体塗料のビヒクルシステム

　粉体塗料は溶剤を全く含まない塗料で、バインダー樹脂と硬化剤、顔料、添加剤で構成されています。粉体状の塗料を加熱溶融させて連続膜とするので、被塗物は金属など耐熱性のあるものに限られます。厚膜塗装が可能で、強靭な塗膜が形成できますが、薄膜塗装は困難で、レベリング不足による塗膜外観不良が生じやすいとされています。被塗物に塗着しなかった塗料粒子は回収再利用されます。

❶製造方法

　粉体状やペレット状のバインダー樹脂と硬化剤、顔料および添加剤を乾式混合した後、エクストルーダーという装置を用いて加熱下に溶融混練し、各成分の均一混合と顔料の分散を行います。エクストルーダーより吐出された溶融状態の塗料は冷却され、粗粉砕、微粉砕、分級、篩の各工程を経て、メジアン径 $20\sim50\,\mu m$ の粉体塗料粒子となります。

❷塗装方法

　大別すると次の2つになります。

①被塗物との間に電界を印加し、専用の塗装ガンを用いて静電噴霧塗装後、160～200℃で焼付硬化。粉体塗料粒子の帯電方法には、摩擦帯電法とコロナ帯電法があります。

②流動槽中で粉体塗料粒子を浮遊、流動状態にしておき、予熱した被塗物を一定時間浸漬して塗料粒子を付着させ、最終的には加熱溶融・硬化させる。

❸粉体塗料用ビヒクル

　溶剤が全く含まれないので、バインダーシステムが主なビヒクルとなります。場合により、顔料分散剤や表面調整剤など製造時や塗装時に溶融する添加剤も含まれます。

　主なバインダーシステムを表2-10に示します。主剤樹脂は、溶液型の塗料用樹脂と同様に、ポリエステル樹脂、アクリル樹脂、エポキシ樹脂、フッ素樹脂などですが、常温で粉体状態を保つ必要があるので、軟化温度が100℃以上のものが用いられます。製造時や塗装時の温度を低温化したいというニーズはありますが、軟化温度を低くすると、保管時の塗料粒子同士の融着（ブロッキ

ングと呼ばれます）が生じるので進んでいません。

　ブロックイソシアネートを硬化剤とするものは、ウレタン架橋塗膜となり高耐候性という長所はありますが、ブロック剤の解離温度の制約で硬化温度の低温化が困難です。**図2-9**に示すβ-ヒドロキシアルキルアミド（HAA）は、低温硬化が可能で、ブロック剤の脱離も無く、耐候性も比較的良好なので実用化されています。少量の水が反応生成物として生じるので、厚膜塗装時に発泡することがあります。

　表2-10に示したものは熱硬化性のバインダーシステムですが、塩化ビニル、ポリエチレン、ナイロンなどの熱可塑性樹脂も粉体塗料用樹脂として使用されます。主に上記塗装法②を用いて220℃以上の高温で溶融させ、数百μmの超厚膜に塗装されます。

表2-10　粉体塗料用の主なバインダーシステム

主剤樹脂	硬化剤	焼付条件例	特徴
ポリエステル ポリオール	ブロックイソシアネート	180℃、20分	高外観、高耐候性 ヤニ発生
ポリエステル （酸末端）	β-ヒドロキシアルキルアミド（HAA）	160℃、20分	低温硬化、ブロック剤フリー （揮発分少量）
ポリエステル（酸末端）＋エポキシ		160℃、20分	高外観、低温硬化、屋内向け
アクリル （エポキシ基含有）	二塩基酸、ポリエステル（酸末端）、他	170℃、20分	高外観、高耐候性、高硬度、高透明性
フッ素樹脂	ブロックイソシアネート	180℃、20分	超高耐候性
エポキシ	アミン、酸無水物、有機酸ヒドラジド、他	160℃、20分	高耐薬品性、高耐水性、屋内向け

図2-9　β-ヒドロキシアルキルアミドによる架橋反応

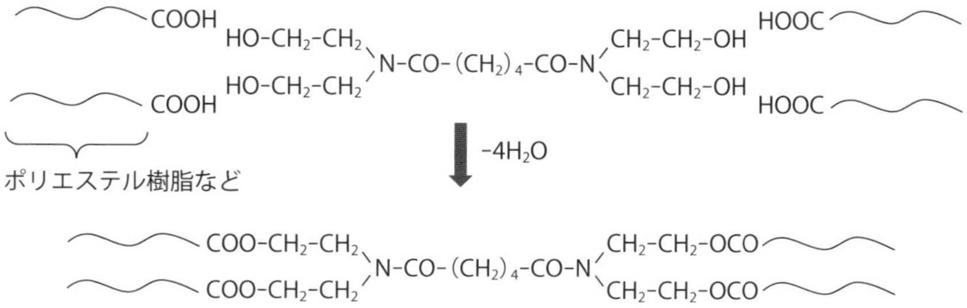

ポリエステル樹脂など

$-4H_2O$

要点｜ノート

粉体塗料に用いられるビヒクルの主剤樹脂は、溶液型塗料と同様にポリエステル、アクリル、エポキシ、フッ素樹脂などです。厚膜塗装が可能で強靭な塗膜形成に向いています。

【2 ビヒクルを決めよう

塗膜の密着メカニズムと
ビヒクルシステム

　被塗物への塗膜の密着には、**図2-10**に示す3つのメカニズムがあります。
これらは、どれかが選択的に働くのではなく、程度の差はあっても同時に作用
しています。

❶相互浸透

　塗料の溶剤が被塗物を膨潤させ、塗料が被塗物中に浸透して相互に混ざり
合った部位が形成されることで密着力が発現します。被塗物がプラスチックの
場合や、塗膜の塗り重ねなどが該当します。基本的には、塗料ビヒクルの溶剤
やバインダー樹脂のSP値が、被塗物のSP値に近いほど、よく混じり合うので
良好な密着性が得られます。**図2-11**は塗料ビヒクルに含まれる付着付与剤の
SP値と、被塗物（ポリプロピレン；PP）への浸透量、およびクロスカットテ
スト（碁盤目試験）による密着性の評価結果です[20]。浸透量が多い時に良好な
付着性が得られていますが、SP値が近くても浸透量が少ないものがあり、こ
れは側鎖の大きさに起因すると説明されています。

❷投錨効果

　被塗物表面に凹凸がある場合に、凹部に塗料が入り込み硬化することで、機
械的な密着力が発生します。塗料と被塗物とのぬれは、塗料の表面張力が低い
程、また、被塗物の表面張力が高い程、良くなります（P.52）。塗料の表面張
力は主にビヒクル中の溶剤によって支配されますので、表面張力の小さな溶剤
を用いた方が、凹部へのぬれが良く、良好な密着性が得られます。

　塗装前に被塗物のブラスト処理を行うと塗料の密着性が向上するのは、表面
に凹凸ができて投錨効果が発現しやすくなるのと、被塗物表面の脆弱な部分や
付着物の層（Weak Boundary Layer；WBL）が取り除かれるためです。

❸界面結合

　塗料と被塗物の界面で、水素結合や化学結合などの強い相互作用が生じ、密
着力が発現します。

　主剤樹脂の酸価や水酸基価が多くなると、密着性が改良される例が多く報告
されています。被塗物表面に存在する水酸基などの極性官能基との水素結合が
原因とされています。また、ウレタン樹脂が比較的密着性が良いのは、ウレタ

ン結合の部分が被塗物表面と水素結合するためと考えられています。

工業塗装などで使用される2コートのアクリル／メラミン樹脂塗料などでは、ベース塗膜表面に水酸基が残留していて、クリアーコートのメラミン樹脂と反応することによって強い密着力が生じます。

図 2-10 | 被塗物への塗膜の密着メカニズム

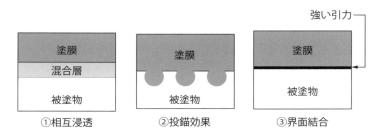

図 2-11 | SP 値と被塗物への浸透量、密着性との関係 [20] （PP の SP 値など、著者加筆修正）

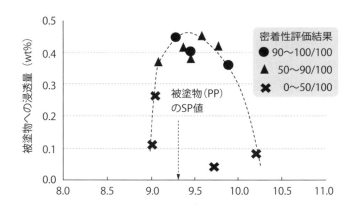

要点 ノート

被塗物への良好な密着性を確保するためには、ビヒクルの表面張力、ビヒクルを構成する溶剤や樹脂の SP 値、樹脂の水酸基価、酸価、硬化剤との配合比などを考慮します。

【2】ビヒクルを決めよう

溶剤の選択

❶溶剤の役割

　塗料における溶剤の役割は、被塗物や顔料を「ぬらす」ことと、樹脂や分散剤、硬化剤などを「溶かす」ことです。それぞれ表面張力と溶解性パラメーターが重要な支配因子であることは第1章で説明しました。

　実用的なビヒクルシステムの設計では、単一種類の溶剤で被塗物に対するぬれ、分散剤やバインダー樹脂、硬化剤の溶解性、塗装～塗着～乾燥・硬化までの粘度（流動性）調整など、複雑な制御を行うのは不可能です。このため複数種類の溶剤が併用されるのですが、この時の溶剤選択の重要な指標が蒸発速度と沸点です。また、塗料の製造から塗装現場まで、法規制に従って扱われることが重要です。

❷蒸発速度

　表2-11に主な塗料用溶剤の蒸発速度を示します[21]。酢酸n-ブチルの重量基準での蒸発速度を100として相対表示したもので、数字が大きくなる程、蒸発は早くなります。例えば、酢酸エチルは酢酸n-ブチルが100 g蒸発する間に525 g蒸発します。混合溶剤では、各成分が独立に蒸発速度に応じて蒸発すると考えます。

　二種の溶剤（AとB）からなる混合溶剤のSP値δは、δ_Aとδ_BをA、BのSP値として、$\delta=\sqrt{\phi_A\delta_A{}^2+\phi_B\delta_B{}^2}$ となります。ϕ_A、ϕ_BはAとBの体積分率（$\phi_A+\phi_B=1$）です。A、Bは表2-11の蒸発速度で独立に蒸発するので、ϕ_A、ϕ_Bは時間とともに変化し、δも変化します。

　表2-11には沸点も示しています。沸点が高い程、蒸発は遅いのが一般通則ですが、例えば、シクロヘキシルアルコールとメチルイソブチルケトンは沸点が同じですが、蒸発速度は圧倒的にメチルイソブチルケトンの方が大きく、アルコールとケトンのように化学構造が異なれば、必ずしも沸点と蒸発速度は相関しない場合があります。

❸溶剤が関係する法規制

　主なものとして、消防法、大気汚染防止法、労働安全衛生法、毒物劇物取締法、化学物質排出把握管理促進法があります。個々の内容については別項で説

第2章 塗料配合の設計

明しますが、それぞれの法律に該当する溶剤は、指定された使用方法に従い、使用量・貯蔵量の届け出、製品への使用の事実と含有量の表示、有害情報と使用上の注意事項の表示などをしなければなりません。

表2-11 主な塗料用溶剤の蒸発速度と沸点 [21]

溶剤名	蒸発速度	沸点
酢酸n-ブチル	**基準　100**	126
酢酸エチル	525	77
エチルアルコール	203	78
i-プロピルアルコール	205	82
n-ブチルアルコール	49	118
i-ブチルアルコール	80	108
ブチルセロソルブ	10	171
シクロヘキシルアルコール	9	116
ジアセトンアルコール	4	168
アセトン	606	56
メチルエチルケトン	465	79
メチルイソブチルケトン	145	116
シクロヘキサノン	30	156
イソホロン	3	215
プロピレングリコールモノメチルエーテル	60	121
プロピレングリコールモノメチルエーテルアセテート	34	145
プロピレングリコールモノエチルエーテル	47	130
エチル-3-エトキシプロピオネート	12	170
ジプロピレングリコールモノメチルエーテル	3	187
トルエン	195	111
キシレン	68	138
シクロヘキサン	560	81
n-ヘキサン	900	69
白灯油	10	145
N-メチルピロリドン	0.8	204

要点 **ノート**

溶剤は、SP値、表面張力、蒸発速度、沸点を指標に選択します。また、使用に当たっては各種法規制を遵守しなければなりません。

93

【3 顔料を使いこなそう

顔料の粒子径と光の散乱・吸収

　顔料は塗膜中で光を吸収、散乱、反射して、塗膜に色彩を付与したり被塗物を隠ぺいしたりします。このような光との相互作用は、顔料の分散粒子径に大きく依存します（顔料の最小構成単位は1次粒子ですが、塗料中では分散が不十分で凝集していることもあり、この凝集体の大きさが分散粒子径です。理想的な顔料の分散状態は、分散粒子径＝1次粒子径です）。

❶光散乱能力

　顔料粒子が塗膜中で光を散乱する能力は、次の2つの因子に支配されます。

① 塗膜の連続相を構成するバインダー樹脂と顔料の屈折率差。屈折率差が大きい程、散乱能力は大きくなります。

② 分散粒子径。図2-12に示すように、分散粒子径が波長の半分の大きさの時に散乱能力は最大になり、それよりも粒子径が大きくても小さくても、散乱能力は低下します。可視光の波長はおおよそ400〜800 nmですから、粒子径が200〜400 nmの時に散乱能力は最大になります。

　図2-13で、入射光は点aで顔料の内部に入るものと散乱されるものに分かれます。散乱された光は白色に見えます。白色顔料として、主に二酸化チタンが用いられますが、これは、可視光領域に吸収を持たない安全、安価な物質で一番屈折率が大きいからです。市販の二酸化チタン顔料は1次粒子径が200〜400 nmに設定されており、1次粒子径まで分散すると光散乱能力が最大になるように設計されています。

❷光吸収能力（着色力）

　着色顔料は顔料粒子中の色素が特定の波長の光を吸収し、吸収した光の色の補色に発色します（P.36）。顔料の色の強さは着色力と呼ばれ、通常、一定重量の顔料を分散ペーストにして、白色塗料に混合した時に、その顔料固有の色を発色する程度で示され、分光光度計のような測色機器を用いて定量化されます。

　着色力は、色素ごとの固有の光吸収能力と分散粒子径に依存します。同じ色素構造の顔料であっても分散粒子径が小さい程、表面積が増加するので、着色力は大きくなります。さらに、図2-12に示すように200〜400 nm以下になる

と急激に増加します。これは、光散乱能力が減少し、図2-13の点aで内部に入る光の割合が増加するためです。

❸透明性とヘイズ

図2-13でbから出る透過光が多い程、透明に見えます。逆に、aやcから出る散乱光が多いと不透明となります。また、aで散乱された光は着色しておらず白く見えるので、「色が濁っている（彩度が低い）」とか「ヘイズがある」と感じます。したがって、透明でヘイズの無い塗膜が必要であれば、分散粒子径を200 nmよりずっと小さくします。

| 図 2-12 | 顔料の分散粒子径と光の散乱・吸収能力 |

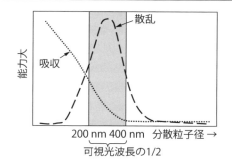

| 図 2-13 | 顔料粒子による光の散乱と吸収（着色） |

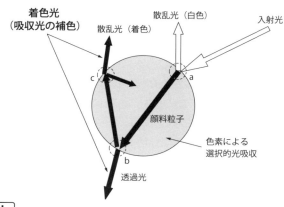

要点 ノート

顔料の分散粒子径を考える上での目安は、可視光波長の半分である200〜400 nmです。散乱（白さ）を最大にしたければ、この付近の粒子径とし、着色力や透明性が必要な場合には、ずっと小さくします。

【3　顔料を使いこなそう

顔料の粒子径と塗膜の隠ぺい力・光沢値

❶塗膜の隠ぺいメカニズム

　入射した光が塗膜を横断して被塗物表面に到達し、被塗物表面で反射されて、再び塗膜を横断して観察者の目に届く、という光路の中で直進光を無くすことで、被塗物を隠ぺいします。直進光が無くなるメカニズムは**図2-14**に示した2つです。1つは、顔料が直進光を全部散乱する場合、もう1つは、光を全部吸収する場合です。

❷散乱による隠ぺい（白色）

　前項で説明したように、散乱効率を最大にするためには、顔料の分散粒子径を可視光波長の半分程度（$0.2 \sim 0.4\ \mu m$）にします。可視光を全て散乱すると、白色となるので、このメカニズムは白色塗膜で作用します。塗膜を構成する樹脂の屈折率はおおむね$1.4 \sim 1.5$程度で一定なので、顔料との屈折率差を大きくするという試みは、あまり行われないようです。

❸吸収による隠ぺい（黒色）

　顔料が可視光領域の光を全て吸収するので、黒色となります。光の吸収を大きくするには、図2-12に示すように粒子径をできるだけ小さくします。

❹有彩色顔料による隠ぺい

　顔料の色の補色光を吸収しますが、その他の波長の光は吸収しません。このような顔料を用いて隠ぺいするためには、吸収しない光を直進させないよう、散乱する必要があります。したがって、色相にも依存しますが、$0.2 \sim 0.4\ \mu m$と散乱が大きくなるようにします。

❺散乱と吸収の併用

　上述の黒色顔料も、漆黒性は低下しますが、$0.2 \sim 0.4\ \mu m$にして散乱によるメカニズムも併用する方が隠ぺい力は高いことがあります。また、白色塗料に、分からない程度に微量の着色顔料を入れて、少し吸収メカニズムを作用させると（オフホワイトと言います）、二酸化チタンだけに比べて隠ぺい力がかなり大きくなります。

❻光沢値

　塗膜表面に一方向から入射した光が、正反射方向へ反射される割合が光沢値

です。図2-15aのように、顔料の分散粒子径が小さいと塗膜表面が平滑になって光沢値は高い値を示します。分散度が低かったり（図2-15b）、1次粒子径が大きくて（図2-15c）、分散粒子径が大きい場合には、乱反射が生じて光沢値は低くなります。また、分散粒子径が小さくても、フロキュレートが生じていると（図2-15d）、乾燥時の流動性が悪くて塗膜表面が平滑にならず、光沢値が低いことがあります。一般的に、分散粒子径が小さくなると光沢値は増加しますが、0.2〜0.4μm付近で飽和してしまい、それ以下に微粒化しても光沢値はほとんど増加しません。

図2-15cのように意図的に光沢を低下させる目的で添加される1次粒子径の大きな（数μm〜数十μm）粒子は、艶消し剤と呼ばれ、シリカ、沈降性硫酸バリウム、樹脂ビーズなどが用いられます。

図2-14 塗膜中の顔料による隠ぺいのメカニズム

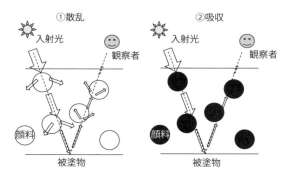

図2-15 塗膜中の顔料の分散状態と塗膜光沢

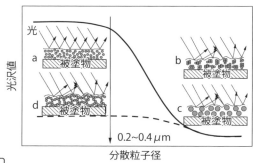

> **要点 ノート**
> 塗膜の隠ぺい力や光沢値が特徴的な変化をする分散粒子径は、可視光波長の半分程度（0.2〜0.4μm）で、この値が目標分散度の目安となります。

【3】 顔料を使いこなそう

顔料を分散するということ

❶解砕と破砕

　顔料分散では、図2-16aのように顔料の1次粒子凝集体を一つ一つの粒子に解凝集します。図2-16bに示すような、大きな粒子の破砕はしないので注意して下さい。破砕と区別する意味で「解砕」と言います。破砕すると、破断面にラジカルなどの活性点が形成され、活性点同士の相互作用で、破砕された粒子が再び結合して、凝集物を生成したり、異常な粘度挙動を示したりします。

　したがって、製造段階で決定された1次粒子の大きさが、目的とする粒子径、もしくはそれ以下である顔料粉体を入手し、目的とする粒子径まで解砕し、解砕された状態が継続するように安定化することが顔料分散です。

❷顔料分散の単位過程

　顔料分散工程を3つの単位過程に分けて考えると、分散配合設計や分散プロセス設計、トラブルシューティングなどでは便利です。この3つの単位過程とは、図2-17に示す、ぬれ、機械的解砕、安定化です。

　ぬれの過程では、1次粒子凝集体がビヒクルにぬらされることにより、粒子同士の凝集力が低下して解砕されやすくなります。次に、分散機のせん断力や衝撃力が加わって、より小さな凝集体や1次粒子に解砕されます。この過程は機械力で分割されるので機械的解砕（Mechanical Disruption）過程と呼びます。解砕されただけの粒子は、熱運動による衝突やファンデルワールス引力などにより、簡単に再凝集してしまうので、再凝集しないように何らかの仕掛けを講じなければなりません。再凝集を防止するのが分散安定化過程です。

　3つの単位過程が全て満足された場合、「解砕され、再凝集に対して安定化された凝集体に、さらにぬれが生じて解砕されて…」、というサイクルが次々に回って、理想的には1次粒子まで解砕され、かつその状態が安定して継続します。1次粒子まで解砕するためには、3つの単位過程の全てが分散工程を通じて継続的に生じる必要があります。

　分散安定化が不十分な時に、顔料粒子同士が弱い力で引き合って、網目のような凝集構造（フロキュレートと呼ばれます）を形成することがあります。フロキュレートができると、顔料分散液や塗料は擬塑性流動と呼ばれるボテボテ

とした流動性を示します。

　良好なぬれや分散安定性を得るための条件や考え方の詳細は他書[12)、13)、22)]を参照してください。

図 2-16 ｜ 顔料を分散するということ

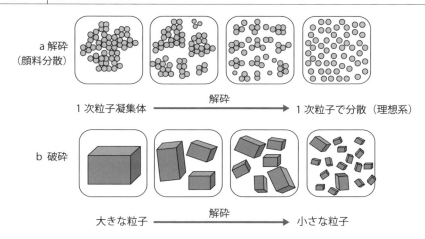

図 2-17 ｜ 顔料分散の単位過程

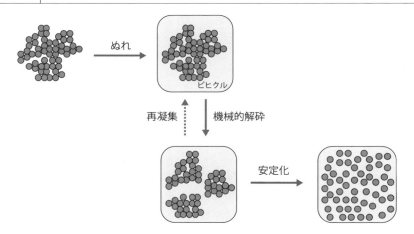

> **要点 ノート**
>
> 顔料分散工程とは顔料の1次粒子凝集体を解凝集し、解凝集した状態が安定に継続するようにする工程で、ぬれ、機械的解砕、分散安定化の3つの単位過程に分けて考えます。

【3 顔料を使いこなそう

顔料分散配合設計の要点

　顔料分散工程をぬれ、機械的解砕、分散安定化の3つの単位過程に分けて考えることを前項で紹介しました。顔料分散配合を設計する上では、配合成分間の相互作用が関係するぬれと分散安定化の確保が重要となります。有機溶剤型塗料系、水性塗料系のそれぞれにおける、ぬれと分散安定化の要点を**表2-12**に示します。

❶ぬれ

　P.52で、塗料と被塗物の表面張力の相対的関係とぬれの良否について示しましたが、ビヒクルと顔料のぬれに関しても同様です。すなわち、ぬらされる物（顔料）の表面張力が大きい程、ぬらす物（ビヒクル）の表面張力が小さい程、接触角が小さくなって良いぬれになります。

　表2-13に顔料の表面張力の測定例を示します。表1-14に示した溶剤の表面張力と比較すると、水を除いたどの有機溶剤よりも顔料の表面張力は大きいので、接触角はゼロとなって「拡張ぬれ」を示します。つまり有機溶剤型塗料での顔料分散ではぬれは考慮しなくても、理想的な状態にあり、分散安定化だけを考えればよいということです。一方、水の表面張力はカーボンブラックや有機顔料より大きいので、ぬれは一定の接触角を示す「付着ぬれ」になります。低分子の界面活性剤や水混和性の有機溶剤を加えてビヒクルの表面張力を低くすると、ぬれは改善されます。

❷分散安定化

　顔料粒子同士が接近した時に反発力が生じるためには、有機溶剤型塗料も水性塗料も、顔料に高分子（と言っても分子量は数千〜数万）を吸着させる必要があります。コロイド科学の教科書に書かれているような、静電的な反発力で分散安定化が実現できる程、塗料は顔料濃度、夾雑物濃度が低いことはまれです。

　高分子吸着のドライビングフォースが、有機溶剤系では酸塩基相互作用、水性系では疎水性相互作用になります。表1-18に示した顔料分散剤は、顔料に吸着するアンカー部として、これらの相互作用に対応する官能基を持っています。

第2章 塗料配合の設計

　塗料にはバインダー樹脂が必ず配合されますが、バインダー樹脂でも表1-19に示す官能基があり、分子量がある程度大きくて、溶剤に溶解していれば、顔料に吸着して分散安定化を実現できます。エマルション樹脂のように分散型の樹脂には、この能力はありません。

表 2-12 顔料分散配合設計におけるぬれと分散安定化に関する要点

	ぬ　れ	分散安定化
有機溶剤型塗料	有機溶剤の表面張力が低いので問題にならない。	酸塩基相互作用による高分子吸着。
水性塗料	有機顔料やカーボンブラックは水より表面張力が低いのでぬれが悪い。	疎水性相互作用による高分子吸着。

表 2-13 顔料の表面張力測定値の一例

顔料種		表面張力 (mN/m)
カーボンブラック		38[23]
有機顔料	銅フタロシアニン	47[24]
	イソインドリノン	47[24]
	γ-キナクリドン	49[24]
	トルイジンレッド	53[24]
	インダスロンブルー	63[24]
カオリン		170[25]
二酸化チタン（溶融）		380[26]

要点 ノート

ぬれは水性系で低表面張力顔料（有機顔料やカーボンブラック）の分散の時だけ考慮します。それ以外は分散安定化のみを考え、酸塩基相互作用（溶剤系）、疎水性相互作用（水性系）による高分子を吸着させます。

101

【3 顔料を使いこなそう

有機溶剤型塗料系での顔料分散配合設計

　有機溶剤型塗料系での顔料分散配合設計では、顔料に対するビヒクルのぬれは考慮する必要はなく、分散安定化だけを考えます。分散安定化は酸塩基相互作用による高分子吸着で実現されるので、分散剤やバインダー樹脂、顔料が、酸性か塩基性かを知ることが大事です。電位差滴定法で顔料や高分子の酸塩基性を測定する方法もあります[12]、[22]。

❶分散剤やバインダー樹脂の酸塩基性

　通常、酸価、アミン価が明示されているので、酸価があれば酸性、アミン価があれば塩基性、両方記載されていれば両性です。注意が必要なのは、両方がある分散剤で、分散剤分子そのものは酸性か塩基性のどちらかなのですが、逆性の低分子で中和されているものがあります。例えば、アンカーがアミノ基の塩基性分散剤は、高級有機顔料のような弱酸性顔料の分散には非常に効果がありますが、2液ウレタン塗料に用いた場合、ウレタン化反応は塩基性雰囲気で促進されるので、ポットライフが短くなって使えません。中和型の分散剤は、分散性は若干低下しますが、このような影響は小さくなります。

❷顔料の酸塩基性

　塗料用顔料の一般的な傾向を表2-14に示します。未処理の有機顔料やカーボンブラックのように、酸塩基性が乏しい顔料には顔料誘導体（図1-27）を使用します。フタロシアニン顔料にはフタロシアニンというように色素構造が同じものを選択するのが基本ですが、π電子同士の相互作用で吸着するので、π電子系がある顔料であれば、広範囲の顔料誘導体が作用するようです。例えばフタロシアニンの顔料誘導体がカーボンブラックに作用します。もちろん色が濁るので、顔料と顔料誘導体の色相は似ている必要があります。

❸分散剤の使い分け

　顔料の酸塩基性に合わせて分散剤を選択します。基本的な指針を表2-14に示します。無機顔料表面の酸塩基点は多くて強度も大きいので、図2-18の直鎖型分散剤でも十分な吸着が実現できます（塩基性でも良いのですが、市販の直鎖型塩基性分散剤は少ないようです）。また、酸価のあるバインダー樹脂も、添加量は分散剤より多くなりますが、吸着して分散安定化が図れます。

102

基本的に吸着は平衡反応なので、有機顔料やカーボンブラックのように顔料表面の酸点や塩基点が少なかったり、強度が低い場合には、直鎖型の1対1の吸着では、脱着側に平衡が偏ってしまって十分な吸着が得られません。くし型分散剤では、一つ一つのアンカー官能基の種類は直鎖型と同じですが、1カ所に多数が密集しています。それぞれのアンカー官能基が吸着平衡にあっても、分子全体としては常にどこかで吸着しているので、実質的に分散安定化に十分な吸着が実現できます。

表 2-14 | 塗料用顔料の酸塩基性と適用分散剤

顔料種	顔料の酸塩基性	使用する分散剤
有機顔料 (未処理)	中性〜弱酸性	塩基性くし型 (酸性顔料誘導体を併用)
有機顔料 (塩基性顔料誘導体処理)	塩基性	酸性直鎖型 酸価を持つバインダー樹脂
有機顔料 (酸性顔料誘導体処理)	酸性	塩基性くし型 塩基性直鎖型
無機顔料(シリカ除く)	両性〜塩基性	酸性直鎖型 酸価を持つバインダー樹脂
シリカ	酸性	塩基性くし型 塩基性直鎖型
カーボンブラック (未処理)	中性〜弱酸性	塩基性くし型 (酸性顔料誘導体を併用)
カーボンブラック (酸化処理)	酸性	塩基性くし型 塩基性直鎖型

図 2-18 | 直鎖型分散剤とくし型分散剤の顔料への吸着形態

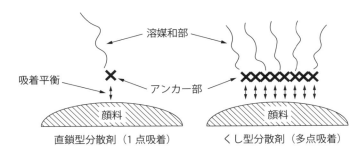

要点 ノート

有機溶剤型塗料系では、顔料の酸塩基性に合わせて、分散剤の酸塩基性と直鎖型・くし型を選択します。無機顔料はバインダー樹脂でも分散可能です。

【3 顔料を使いこなそう

水性塗料系での
顔料分散配合設計

❶ぬれの促進

　有機顔料・カーボンブラックはぬれが良くないので、水性ビヒクルの表面張力を下げるために、水混和性有機溶剤か界面活性剤を添加します。**表2-15**は、水性塗料で各種有機顔料を分散するのに最適の界面活性剤のHLBを示したもので、顔料種にも依存しますがHLB値が6～14のものが適しています。

　水混和性有機溶剤や界面活性剤の添加により、ぬれは促進されますが、塗膜の耐水性が低下することがあるので、添加量は最小限にとどめます。

　無機顔料は表面張力が大きいので、ぬれは問題になりません。

❷分散安定化

　有機顔料も無機顔料も、疎水性相互作用に基づく水溶性の高分子（バインダー樹脂や分散剤）の吸着で安定化されます。エマルション樹脂のような分散型樹脂には、顔料の分散安定化作用はありません。

　有機顔料やカーボンブラックは疎水性なので、ぬれさえすれば高分子が疎水性相互作用で強く吸着して分散安定化されます。問題が生じやすいのは、水より表面張力が大きい無機顔料です。無機顔料だけの分散ペースト中では、分散剤は（他に行くところが無いので）顔料に吸着しています。しかし、溶解工程で表面の被覆が不十分なエマルション樹脂粒子が入ってくると、無機顔料表面の分散剤は、（居心地の良い）樹脂粒子表面に移動してしまいます。この結果、顔料の凝集、フロキュレート、混色安定性不良などが生じます。

　対処法としては、分散剤の配合量を多めにするか、くし型構造で脱着し難い分散剤を使用します。水性塗料でよく使用される高分子顔料分散剤の1つである、スチレン–無水マレイン酸共重合体樹脂（SMA樹脂）と、その誘導体の化学構造を**図2-19**に示します。主鎖に沿って多数存在するベンゼン環が、顔料表面に疎水性相互作用で吸着します。SMAから誘導される水性塗料用顔料分散剤の種類は多いのですが、例えば、無水マレイン酸の一部を①のようにアルコールでハーフエステル化したものがあります。ハーフエステル化により生成したカルボキシル基は、アンモニアや水溶性アミンで中和すると親水性となり、水性媒体中に溶け広がって立体反発効果を発現します。②は、さらに立体

第 2 章　塗料配合の設計

反発効果を高めたもので、片末端が水酸基のポリエチレンオキサイドを、無水マレイン酸とハーフエステル化したものです。主鎖が疎水性相互作用で顔料表面に吸着し、側鎖のポリエチレンオキサイドが何本も水性媒体中に溶け広がった、くし型構造の分散剤です。

表 2-15　水性塗料で分散する際の界面活性剤に関する顔料種ごとの最適 HLB 値
（原報 [27] より抜粋）

顔　料　種	C.I.Pigment No.（著者推定）	最適 HLB 値
BON レッド（暗色）	C.I.Pigment Red 52	6〜8
トルイジンレッド	C.I.Pigment Red 3	8〜10
フタロシアニングリーン	C.I.Pigment Green 36	10〜12
カーボンブラック（ランプブラック）	C.I.Pigment Black 7	10〜12
フタロシアニンブルー	C.I.Pigment Blue 15：1	11〜13
キナクリドンバイオレット	C.I.Pigment Violet 19	11〜13
フタロシアニングリーン	C.I.Pigment Green 7	12〜14

図 2-19　SMA 樹脂とその誘導体（無水マレイン酸は一部が反応）

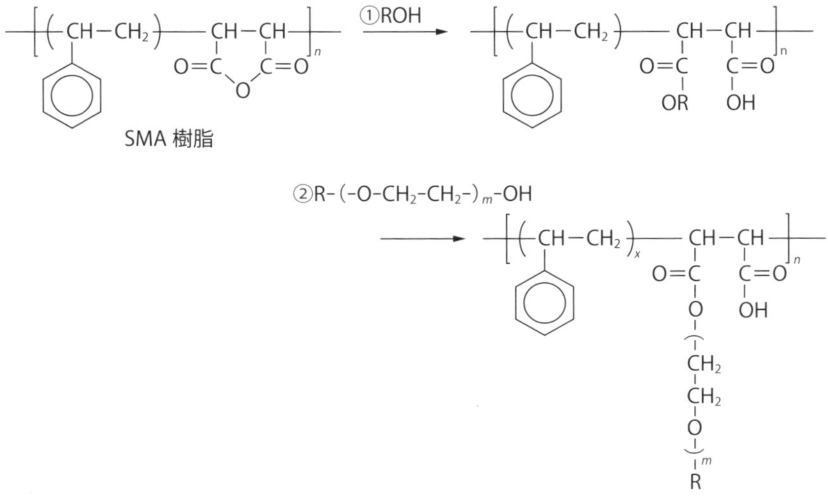

要点 ノート

水性塗料系での顔料分散配合設計では、有機顔料やカーボンブラックはぬれの確保が必要です。分散安定化は水溶性高分子の疎水性相互作用に基づく吸着で実現されます。

【3】顔料を使いこなそう

顔料分散配合の決め方

❶顔料分散配合に含まれるもの

顔料、溶剤、分散剤が基本ですが、水性系であれば消泡剤、高比重・大粒子径顔料には沈降防止剤の処方が必要です。また、溶解工程での濃度差による溶解ショックを回避するために、少量のバインダー樹脂が添加されることもあります。バインダー樹脂が顔料に対する有効なアンカー官能基を持っている場合は、分散剤の配合が不要なことがあります。

❷分散剤分散

図2-18に示すような直鎖型、くし型の高分子で、アンカー部を全ての分子が持っている分散剤を用いる場合は、顔料の単位表面積当たり$1 \sim 2\,\mathrm{mg/m^2}$とか、比表面積の$1 \sim 2$割％と言われています。

例えば、比表面積$300\,\mathrm{m^2/g}$のカーボンブラックを$10\,\mathrm{g}$分散するとすると、顔料の全表面積は$300\,\mathrm{m^2/g} \times 10\,\mathrm{g} = 3{,}000\,\mathrm{m^2}$、単位表面積当たり$1 \sim 2\,\mathrm{mg/m^2}$なので配合量は、$3{,}000\,\mathrm{m^2} \times (1 \sim 2)\,\mathrm{mg/m^2} = 3{,}000 \sim 6{,}000\,\mathrm{mg} = 3 \sim 6\,\mathrm{g}$となります。比表面積300の$1 \sim 2$割％は$30 \sim 60\%$ですから、やはり顔料$10\,\mathrm{g}$に対する配合量は$3 \sim 6\,\mathrm{g}$です。

溶剤は適用する分散機の適正ミルベース粘度にする必要がありますが、おおむね顔料の体積濃度が$5 \sim 30\%$になるようにします。

分散剤の配合量は上記のガイドラインに従って実際に分散実験を行い、分散度、流動性、安定性に問題が無ければ、それで良しとせずに、必ず限界まで削減してください。顔料に吸着していない分散剤は、密着性や耐水性の不良につながります。分散剤分散のモデル配合を表2-16に示します。この配合では溶解ショック防止のためにバインダー樹脂を配合しています。バインダー樹脂は、固形分中の顔料濃度が$30 \sim 70\%$となるように添加します。

❸バインダー樹脂分散

顔料分散に貢献する分子が、全分子数に対してどの程度か分からないので、フローポイント法という手法を用いて配合を決定します。

具体的な手順は次のとおりです。

①樹脂と溶剤を用いて、濃度が異なる一連のビヒクルを作成する。

②ビーカーに一定量の顔料を取り、ガラス棒でかき混ぜながら各ビヒクルを加え、かき混ぜるのにあまり抵抗を感じなくなるまで加える。
④薄いフィルム状のものが棒上に残り、最後の数滴が1～2秒間隔で落ちる点を終点(フローポイント)とし、加えたビヒクルの量を記録する。
⑤ビヒクル中の樹脂濃度を横軸に、それぞれのビヒクルを用いた際のフローポイントにおけるビヒクル量を縦軸にして、プロットする。

上記の手順により測定した一例が図2-20です[28]。プロットは下に凸の曲線となり、変曲点における顔料、樹脂、溶剤の比率が最適な分散配合になります。実際には、分散機の種類によって効率的な粘度が異なり、配合ごとに分散機を変更するのは現実的ではないので、溶剤の量で粘度を調整します。同図で最適点より左側では顔料がフロキュレートを形成しています。

表2-16 | 分散剤分散のモデル配合（有機溶剤型アクリル-メラミン樹脂塗料用）

成分名	配合量（重量%）
アクリルポリオール樹脂	20
カーボンブラック （比表面積 = 300 m^{2}g^{-1}）	20
塩基性くし型分散剤	10
溶剤	50
合計	100

図2-20 | ダニエルのフローポイント法による分散配合の決定 [28]

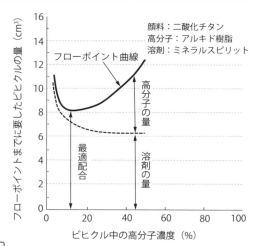

要点 ノート

直鎖型やくし型の分散剤の配合量は、顔料の単位表面積当たり 1～2 mg/m^2 となるよう計算して配合し、バインダー樹脂を用いる場合はフローポイント法を用いて決定します。

【4】法令を守ろう

塗料・塗装に関係する
主な法令と塗料設計

　塗料、塗装に関係する国内法を**図2-21**に示します。

　安衛法の場合、さらに多くの政省令が危険の種類に応じて制定されています。塗料・塗装に関係するものを**図2-22**に示します。

　個々の法令の具体的な内容については条文を確認してください。

❶塗料の設計に当たって

　塗料は数多くの化学物質を原材料としており、法令に沿って以下のことを遵守する必要があります。

①塗料の製造から塗装、塗装物品の廃棄に至るまで、環境に悪影響を与えにくい原材料や手段を採用する。

②塗料の製造や塗装作業に携わる作業者の安全と健康が確保でき、快適な環境で作業できるよう、できるだけ危険性の少ない原材料や手段を採用する。

③①、②については、法律によって使用が禁止されている原材料は使用しない。使用や使用条件が制限されている原材料は制限条件を遵守する。

④止むを得ず危険性のある原材料や手段を採用した場合には、危険性の具体的な内容と、危険を回避、低減するための手段などを、作業者に周知されるよう作業場所へ掲示する。また製品に表示し、情報を提供する（ラベル、SDS）。

⑤原材料を新規に採用する場合には、既存化学物質であるか新規化学物質であるかを確認し、新規化学物質である場合には登録されるまで採用しない。既存化学物質であれば、予想される危険性・有害性を調査し、防止するための必要な措置を講じる。

❷特定化学物質

　危険性や有害性が特に強い化学物質を指しますが、法律ごとに意味合いが微妙に異なり、また、対象になる化学物質も異なります。原材料としては採用を避けます。

　化審法では第一種と第二種があり、第一種特定化学物質は「難分解性、高蓄積性及び長期毒性又は高次捕食動物への慢性毒性を有する化学物質」で33種類（H.30.4.1現在）指定されています。製造または輸入には許可（原則禁止）

が必要で、厳しい使用の制限があります。

安衛法では第一類（7種）、第二類（59種）、第三類（8種）があり安全衛生法施行令別表3に示されています。第一類、第二類は、微量の曝露でがんなどの慢性・遅発性障害を引き起こす物質で、第三類は大量漏洩により急性障害を引き起こす物質です。特定化学物質障害予防規則（特化則）が制定され、様々な規制がなされています。

図 2-21 | 塗料・塗装に関係する主な国内法

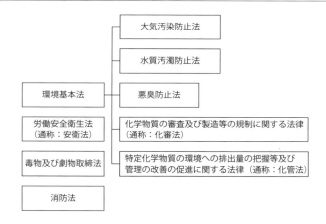

図 2-22 | 労働安全衛生法（安衛法）の法体系（塗料に関係する分のみ抜粋）

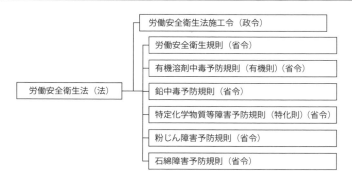

要点 ノート

塗料の製造や使用の際、規制を受ける法令があります。法令の目的を理解し塗料設計に反映させることが必要です。

【4 法令を守ろう

SDSとラベル

　国連による「化学品の分類および表示に関する世界調和システム（GHS）の実施促進のための決議」採択を受けて、化学品の危険有害性情報の伝達・管理のために、安全データシート（Safety Data Sheet：SDS）とラベルの作成、交付の義務が安衛法、化管法で規定されています（化管法ではラベルは努力義務）。作成、交付の義務がある危険物・有害物は、安衛法では労安法施行令別表9の663物質、化管法では第一種および第二種指定化学物質の562物質です（1％以上含有）。

　これ以外の化学品についても危険有害性の情報を収集して、JIS Z7252に従って判定し、危険有害性に該当すればSDS、ラベルの作成・交付の努力義務があります。

❶SDS

　2016年まではMSDS（化学物質等安全データシート）と呼ばれていました。記載項目を**表2-17**に示します。

表 2-17	SDS 記載項目

1. 化学品及び会社情報
2. 危険有害性の要約
3. 組成及び成分情報
4. 応急措置
5. 火災時の措置
6. 漏出時の措置
7. 取扱い及び保管上の注意
8. ばく露防止及び保護措置
9. 物理的及び化学的性質
10. 安定性及び反応性
11. 有害性情報
12. 環境影響情報
13. 廃棄上の注意
14. 輸送上の注意
15. 適用法令
16. その他の情報
項目名の番号、順番は変更不可

表 2-18	ラベル記載項目

1. 危険有害性を表す絵表示（図2-23）
2. 注意喚起語
3. 危険有害性情報
4. 注意書き
5. 化学品の名称
6. 供給者を特定する情報
7. その他国内法令によって表示が求められる事項
　（例「医薬用外劇物」など）

❷ラベル

記載項目を表2-18に示します。危険有害性を示す絵表示は図2-23に示すGHSの9種類の絵表示（JIS Z7253にも規定）を使用します。絵表示はカラー印刷の赤枠で囲むことが、2017年から義務付けられています。

❸ SDS・ラベルの作成

JIS Z2753に従って記載すると、安衛法、労働安全衛生規則、化管法の要求事項を満足しますが、毒物劇物取締法の要求事項が含まれていないので、該当する場合に「医薬用外劇物（または毒物）」、解毒剤の名称の表示が必要です。

図2-23　ラベルに記載する危険有害性を表す絵表示（GHS　Pictogram）

【炎】
可燃性／引火性ガス
（化学的に不安定なガスを含む）
エアゾール
引火性液体
可燃性固体
自己反応性化学品
自然発火性液体・固体
自己発熱性化学品
水反応可燃性化学品
有機過酸化物

【円上の炎】
支燃性／酸化性ガス
酸化性液体・固体

【爆弾の爆発】
爆発物
自己反応性化学品
有機過酸化物

【腐食性】
金属腐食性物質
皮膚腐食性
眼に対する重篤な損傷性

【ガスボンベ】
高圧ガス

【どくろ】
急性毒性
（区分1〜区分3）

【感嘆符】
急性毒性（区分4）
皮膚刺激性（区分2）
眼刺激性（区分2A）
皮膚感作性
特定標的臓器毒性（区分3）
オゾン層への有害性

【環境】
水生環境有害性
（急性区分1、
長期間区分1
長期間区分2）

【健康有害性】
呼吸器感作性
生殖細胞変異原性
発がん性
生殖毒性
（区分1、区分2）
特定標的臓器毒性
（区分1、区分2）
吸引性呼吸器有害性

> **要点 ノート**
>
> 塗料などの化学物質を提供する場合には、その危険性や有害性の情報を、使用者に伝達（SDSとラベルの交付）することが、安衛法、化管法、JIS規格で定められています。

【4】 法令を守ろう

法規制と配合設計

　図2-21、2-22に示した法令と、塗料のライフサイクルから見た塗料設計の関わりを**図2-24**に示します。塗料の配合設計では、まず原材料メーカーから原材料の危険性・有害性に関する情報を的確に入手・理解することが重要です。設計に際しては、環境汚染や作業従事者の安全・健康に留意しなければなりませんが、それは塗料製造だけではなく、塗料ユーザーにおける塗装作業も考慮する必要があります。さらに、被塗物が消費者に届き、最終的に廃棄される際の環境汚染まで念頭に置く必要があります。

　危険性・有害性に関する情報の入手や塗料ユーザーへの提供のツールは、前項のSDSやラベルです。

❶環境汚染防止

　塗料はVOCの大きな発生源ですが、大気汚染防止法（大防法）で規制の対象になるのは大規模な塗料ユーザーで、塗装ブースや乾燥炉からの排出風量で規定されています。一方で、大防法では事業者による自主的な取り組みが求められており、塗料設計側として、高固形分化、水性化などVOC含有量が少ない塗料を設計する必要があります。

　化管法のPRTR制度で第一種指定化学物質（2018年現在462物質）を年間に1t以上使用する場合には、排出量の報告が義務付けられており、トルエン、キシレン、エチレングリコールモノエチルエーテルアセテート（セロアセ）、ジオキサン、トリエチルアミン、ジメチルアミノエタノール、塩素系溶剤などが対象になっているので配合には注意が必要です。

❷作業従事者の安全・健康

　安衛法の有機則で多くの有機溶剤（安衛法施行令別表6の2）を対象として、排気設備や作業主任者の選任、作業環境の測定、健康診断などが規定されています。第1種有機溶剤、第2種有機溶剤、第3種有機溶剤に分類されており、弱溶剤と呼ばれる第3種有機溶剤の使用に対する規制は幾分緩やかです。やむを得ず有機溶剤型塗料とする場合でも、弱溶剤型や高固形分型の設計をするべきです。

　メチルイソブチルケトンやジオキサン、トリレンジイソシアネート（TDI）

などの安衛法・特化則の対象となる化学物質（安衛法施行令別表3）は、厳重な漏洩対策、保管管理、作業者の防護策、作業環境の計測（記録は30年保存）、作業記録の保存（30年）、特殊健康診断の実施と記録の保存（30年）など厳しい規制があり、配合には十分な考慮が必要で、基本的には避けるべきです。

❸樹脂や顔料

供給元からのSDSの情報をもとに危険性・有害性の判断をします。防錆顔料として、クロム酸塩（安衛法・特化則）や鉛化合物（安衛法・鉛中毒予防規則）が以前は使用されていましたが、それぞれ厳重な取り扱いが必要なので、新規な採用は避けます。

図 2-24　塗料ライフサイクル中の安全・健康・環境保全の確保 [29]

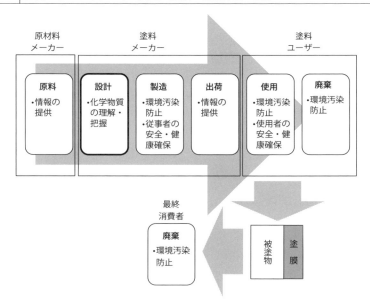

要点 ノート

環境保護と作業従事者の安全・健康確保を念頭に配合設計し、法令によって規制されている原材料の配合は避けます。

コラム

● 子規の俳句と日本古来の塗料 ●

　正岡子規の「柿食えば鐘が鳴るなり法隆寺」という有名な俳句がありますが、これに日本古来の塗料が3つも関係しています。

　法隆寺と言えば聖徳太子縁（ゆかり）の寺で、国宝の玉虫厨子が著名です。厨子は木製（檜、樟）で玉虫の羽が蒔絵のような装飾に用いられ、全面に漆塗装されています。漆塗りは、塗料・塗装関係の本でも多く取り上げられ、読者もよくご存じのように日本古来の塗装です。世界最古の9000年前の漆塗りが、函館市の縄文遺跡から出土しています。

　2つ目の塗料は、同じく玉虫厨子関連で、扉、羽目板などに朱、黄、緑の顔料を用いて、仏教的主題の絵画が描かれています。これら顔料のバインダーについては漆と密陀油が使用されています。密陀油というのは、「荏胡麻油に密陀僧を加えて加熱したもの」とされています。荏胡麻油は乾性油の1つで、密陀僧は一酸化鉛（PbO）のことです。一酸化鉛はドライヤーとして作用するので、現在の酸化重合型常乾塗料に該当します。意図的に触媒を入れて重合反応を起こさせる技術がこの時代にあったことは驚きです。後世に入って、密陀油を使用した絵画はあぶら絵（油絵）と呼ばれたことから、肉持ち感や艶のある外観が得られるようです。

　最後の3つ目は柿渋です。柿渋は、渋柿の青い未熟な果実（食えませんが）から果汁を採取し、発酵・熟成させて得られます。赤褐色の半透明な液体で、比較的高分子量の柿タンニンを多量に含みます。防虫・防腐効果があり、耐水性にも優れています。昔から日本の家具や床、雨水が直接掛からない建屋外装などに、塗料として使われていました。最近、シックハウスの問題や天然材志向で見直されているようです。

【 第 **3** 章 】

塗料を作る

【1 塗料の製造工程を知ろう

一般的な塗料製造工程

　図3-1に示すように、前混合（プレミックス）、顔料分散、溶解（レットダウン）、調色、ろ過・充填の各工程から構成されます。調色の方法には、P.130に示すように、いくつかの方法があります。図3-1は原色塗料で調色する方法であり、原色ペーストで調色する場合には、溶解工程と調色工程の順番が入れ替わります。

　表2-7の塗料を作成する場合を例に、溶解までの各工程の作業を具体的に説明します（粘度調整用の溶剤2、3、4は塗装作業前に1つの混合溶剤として添加）。

❶前混合

　前混合工程では、タンクに溶剤1、アクリル樹脂Aワニス、顔料分散剤を投入して撹拌し、まず均一な溶液（分散ビヒクル）を作成します。これを撹拌しながら、粉体状の有機顔料をダマにならないように徐々に投入し、全体が均一になるまで撹拌します。タンク内の混合液はミルベースと呼ばれます。

❷顔料分散

　前混合の終了したミルベースを分散機に掛けて、所定の分散度（粒子径）まで顔料粒子の微粒化を行います。分散度はJIS K 5600-2-5に従って評価します。終了時に、固形分濃度は配合どおりになっているか、流動性に異常は無いかなどの工程検査が行われます。原色ペーストで調色が行われる塗料の場合には、工程検査で異常がなければ着色力などの追加検査、ろ過を行って貯蔵されます。

❸溶解

　分散の終了したミルベース（分散ペースト）をタンクに入れ、撹拌しながら、アクリル樹脂Bワニス、メラミン樹脂ワニス、溶剤2、表面調整剤、硬化触媒を順に、徐々に加えます。表面調整剤と硬化触媒のように添加量が微量な場合には、あらかじめ計量カップなどに精度の高い秤量機を用いて秤取し、溶剤2の添加量の一部を加えて希釈して加えます。成分の添加忘れは無いか、添加量は間違っていないかなどをチェックする意味で、固形分濃度や粘度を計測します。

工程によっては、アクリル樹脂Bワニス以下の希釈ビヒクルが入っているタンクに分散ペーストを加えることがありますが、この場合には分散ペーストと溶解ビヒクルの濃度差による溶解ショック（P. 128）が生じやすいので注意が必要です。

❹調色

　原色を混合して所定の色相に合わせます。アルミフレーク顔料やパールマイカ顔料などフレーク状の光輝顔料は、分散機に掛けると顔料が破損したり変形したりするので、この段階で加えます。フレーク状の顔料を溶剤に加えて、十分に撹拌して凝集をほぐしておいてから、原色を加えます。

❺ろ過・充填

　フィルターなどを用いて塗料をろ過し、粗粒や異物を取り除きます。工程全てに当てはまりますが、機械油のようなろ過では取り除けないような異物が混入すると、異物ハジキ・凹みの原因になるので注意が必要です。最終的に所定の容器に充填して出荷します。

図 3-1　一般的な塗料製造工程

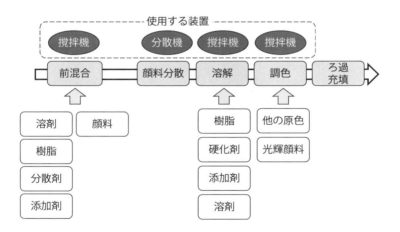

> **要点　ノート**
> 一般的な塗料製造工程は、前混合（プレミックス）、顔料分散、溶解（レットダウン）、調色、ろ過・充填の各工程から構成されます。生産設備としては、タンク、撹拌機、分散機が必要です。

【1 塗料の製造工程を知ろう

前混合工程

　前練り工程、プレミックス工程とも呼ばれます。分散機に掛ける前に、分散配合の各成分を均一に混合する過程です。ほとんどの分散機を使用する場合に必要な工程ですが、ボールミルのような容器駆動型ミルを使用する場合には、分散配合成分を全て投入し、運転を始めればよいので前混合は不要とされています。

　タンクに溶剤と顔料分散剤、必要に応じて、バインダー樹脂、消泡剤や沈降防止剤などを投入して撹拌し、まず均一な溶液（分散ビヒクル）を作成します。これを撹拌しながら、粉体状の顔料をダマにならないように徐々に投入し、全体が均一になるまで撹拌します。プレミックスで作成された顔料懸濁液はミルベースと呼ばれます。

　分散ビヒクルの粘度が低すぎると、ぬれの悪い顔料はダマになりやすいので、一部の溶剤を残しておいて、粘度がある程度高い状態で顔料を投入・撹拌し、顔料が馴染んでから、残りの溶剤を加えて所定の（分散機に適した）粘度にすると上手くいくことがあります。

　目標とする分散度が数十 μm 程度であれば、配合にもよりますが、以下に示すような混合・撹拌機を用いて、前混合の延長で到達可能な場合もあります。

❶低粘度ミルベースの前混合用撹拌機

　低粘度（〜10 Pa·s）のミルベースには、**図3-2**に示すような、鋸歯ディスクタービンを装着した高速せん断型撹拌機（高速インペラー型撹拌機、ディソルバー、High Speed Disperser：HSD など、種々の呼び方があります）が主に用いられます。

　回転速度はディスクタービンの周速で $10 \sim 25 \ \mathrm{m \cdot s^{-1}}$ で、回転によりシャフトの周りの液面が凹む程度です。

❷高粘度ミルベースの前混合用撹拌機

　バタフライミキサーやプラネタリーミキサーが用いられます。**図3-3**はバタフライミキサーの一例ですが、蝶の羽のようなブレードから、壁面撹拌用のブレードが突き出した形状のローターになっており、高粘度物質でも十分な撹拌ができるようになっています。また、本機のように高速撹拌機構が備わったタ

イプは、分散ビヒクル作成の際の溶剤への高分子成分の溶解などに便利です。

プラネタリーミキサーは、自転と公転をするブレードがタンク内を強力なせん断力で撹拌します。ブレードの数は基本的には2個ですが、3個のものも市販されています。

図 3-2 高速せん断撹拌機 [30] とその羽根 [28]

図 3-3 バタフライミキサーの一例

> **要点 ノート**
> 前混合は分散ビヒクル中に顔料粉体を均一に混合する過程です。高速せん断型撹拌機や、バタフライミキサー、プラネタリーミキサーなどの混合・撹拌機を用います。

【1 塗料の製造工程を知ろう

顔料分散によく使われる分散機

　分散機による微粒化は、せん断力もしくは衝撃力によって進行します。せん断力は「ずり力」とも言われ、微小な空間に速度勾配による粘性抵抗の差を生じさせ、その間にある粒子凝集体を引き離すように解砕します。一方、衝撃力は分散機内の翼やローター、分散媒体（ビーズやボール）が粒子凝集体と衝突する際に発生し解砕を行います。どの分散機もせん断力と衝撃力の両方が作用するのですが、分散機の機種によって一方が主体的になることが多いようです。

　代表的な分散機の種類を**表3-1**に示します。概要は下記のとおりですが、詳細については他書[12), 13), 22)]を参照してください。

❶高速回転せん断型ミル

　高速で回転する回転体とその外筒もしくは外壁との間の微小な隙間にミルベースを通し、せん断力で分散します。ボールやビーズなどの媒体を使用しないので、媒体や分散機ベッセル内壁、アジテーターなどの摩耗によるコンタミネーションが少ないという特徴があります。

❷媒体攪拌ミル

　ボールやビーズを媒体として使用し、モーターなどの機械エネルギーをアジテーターと呼ばれる回転体を通じて媒体に伝え、媒体の衝撃力やせん断力で分散します。

❸容器駆動型ミル

　回転容器や振動容器の中に入れたボールなどの媒体が、容器の運動に伴って運動し、衝撃力やせん断力、摩砕力を発生します。比較的単純な装置構造で、プレミックスが不要で維持管理も簡単な反面、バッチサイズが固定され、洗浄・色替えも困難です。

❹ロールミル

　回転するロール間の微小な隙間をミルベースが通過する時のせん断力で分散します。洗浄が容易なため、製造品種替えが比較的簡単で、高分散度、少量生産への対応能力も高いなどの特徴があり、機動性に優れた分散機です。一方、開放状態での作業であるため、溶剤の量や種類によっては、溶剤の揮散による

組成変化や、作業環境汚染のおそれがあります。

❺エクストルーダー

分散機（mill）ではありませんが、粉体塗料の製造において、溶融したバインダー樹脂に顔料を分散させるのに用いられています。

❻分散機の選択

各種分散機の適用粘度を図3-4に示します。ビーズミルは従来、あまり高粘度のミルベースはビーズの運動が不良となって適さなかったのですが、ベッセルの形状やビーズ分離方式の進化で、かなり高粘度のものでも分散できるようになっています。

一般論ですが、高度な微粒化を目的とする場合、高粘度ミルベースにはロールミルが、中～低粘度ミルベースにはビーズミルが適しているようです。

分散機の選定では、上記の特徴に加えて接液部（ミルベースに接する部分）の材質や冷却効率、媒体式の分散機では媒体の材質（硬度、比重）や大きさなどにも考慮が必要です。

表 3-1 　顔料分散によく使われる分散機

分散機の種類	分散原理	具体例
高速回転せん断型ミル	高速回転体と外筒、外壁との間の高せん断流	コロイドミル
媒体撹拌ミル	媒体としてビーズやボールを使用。媒体の衝撃力やせん断力	ビーズミル アトライター
容器駆動型ミル	回転容器や振動容器内の媒体（ボールなど）の衝撃力、摩砕力	ボールミル 遊星ミル
ロールミル	異なる速度で回転するロールの隙間でのせん断力と圧縮力	3本ロールミル

図 3-4 　各種分散機の適用粘度範囲

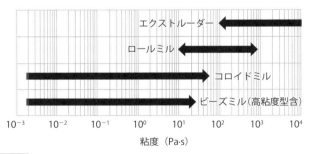

要点ノート

分散機は、目的とする分散度、ミルベース粘度、コンタミネーションの許容範囲などを考慮して選定します。

【1】塗料の製造工程を知ろう

高粘度ミルベース用分散機
（ロールミル）

　代表的な高粘度ミルベース用の分散機はロールミルです。ロールの本数は2本と3本のものがありますが、顔料分散には3本ロールミル（**図3-5**）が使用され、2本ロールミルはゴムなどの混錬に使用されます。

❶3本ロールミルの構造と使い方

　3本ロールミルは、**図3-6**に示すように、フィードロール、センターロール、エプロンロールの3本のロールから構成されており、それぞれのロールは回転速度が異なります。回転速度はフィードロール、センターロール、エプロンロールの順に早くなっています。プレミックスの終わったミルベースをフィードロールとセンターロールの間に投入します。ミルベースはフィードロールとセンターロールの間の狭い隙間を通り、センターロール下部からエプロンロールへ移動し、スクレーパーでかき取られます。かき取られたミルベースの分散度が不足している場合は、再度フィードロールとセンターロールの間に投入します。

　一般的なロールミルのロールは、中央部が少し膨らんだ形状（クラウンと呼ばれます）をしています。ロールとロールの間隔を、ミルベースの粘度に応じて適性に調整すると、ロール間圧力によって膨らみ部が凹んでロールの表面間距離が場所によらず一定となり、ミルベースに掛かるせん断力も一定となります。ロール間距離を油圧などにより自動調整する機種もありますが、操作には一定の熟練が必要です。

❷ロールミルの分散機構

　ロールミルが粒子を分散する機構は、ロール間圧力を利用する圧縮作用と、異なる速度で回転するロール間の速度勾配を利用したせん断作用による解砕です。ロールとロールで押し潰す破砕ではありません。狭い隙間を通過できない粗大粒子はいつまでも、フィードロールとセンターロール間の上部に残留するので一種のろ過効果があり、さらにキャビテーションが発生することで、ミルベースの脱泡作用もあります。

❸ロールミルの特徴

　ロールミルは製造品種替えが比較的簡単で、高分散度、洗浄が容易、少量生

産への対応能力も高いなどの特徴があり、機動性に優れた分散機です。一方、開放状態での作業であるため、溶剤の量や種類によっては、溶剤の揮散による組成変化や、作業環境汚染のおそれがあります。

ロールミルは10〜1,000 Pa·sの高粘度ミルベースをサブミクロンサイズ以下に微粒化するのに適しており、最近ではナノサイズまでの解砕が可能な機種も上市されています。

図 3-5 | 3本ロールミル [31]

図 3-6 | ロールミルの構造と分散メカニズム

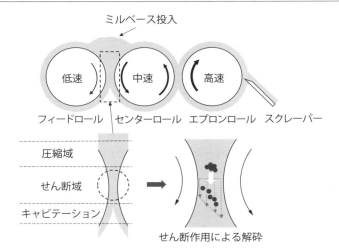

要点 ノート

ロールミルは高粘度ミルベースの顔料分散に適しており、優れた微粒化能力があります。色替えが容易で、多品種少量生産にも適していますが、開放状態での作業になるため、揮散しやすい溶剤は使えません。

【1 塗料の製造工程を知ろう

低粘度ミルベース用分散機
（ビーズミル）

　低粘度ミルベースの顔料分散には、ビーズミル、コロイドミル、ボールミルなどが使用されますが、最近ではビーズミルがよく使用されます。

❶ビーズミルの構造と使い方

　図3-7に代表的なビーズミルの外観[30]と、主要部の構造（機種は異なります）を示します。ベッセルに挿入されたモーターから伸びるシャフトには、ディスクが複数枚取り付けられています。ベッセル内には直径0.5～2 mmのビーズが充填されており、ディスクが高速度で回転してビーズを運動させ、ビーズの運動による衝撃力やせん断力で顔料粒子凝集体を解砕します。ビーズの材質にはガラスやスチール、ジルコニア、アルミナなどを使用します。

　図3-7右の主要構造で、前混合の終了したミルベースは、ポンプで下方のミルベース入口からベッセル内に入り、解砕されて上方のミルベース出口から流出します。軸シールは駆動部へのミルベースの進入を防止します。セパレーターはミルベースがベッセル外へ流出する際に、ビーズだけを分離してベッセル内にとどめる役割があります。同図のセパレーターはギャップ式と呼ばれ、狭いスリット（一方の壁はベッセルに固定。他方の壁は軸とともに回転）がミルベースだけを通し、ビーズは通さない幅になっています。一般的にスリット幅の3倍以上の粒子径のビーズを使用します。この他、セパレーターには各種の網を利用するスクリーン方式や、遠心力を利用する方式もあります。

　ベッセルの向きによって縦型と横型があります。ビーズ充填率が高い方が分散効率は良いのですが、縦型の50～60%の充填率に対し、横型ミルでは80～95%が可能です。ディスクの回転速度は、周速で5～15 m·s^{-1}程度、適用粘度は数十mPa·s～数Pa·s程度です。

❷ビーズミルの分散メカニズムと特徴

　ビーズの運動による衝撃力やせん断力は、**図3-8**に示したようなメカニズムで生じます。従来からのビーズミルでは、図3-8左側の衝撃力による分散が主体的です。近年、1次粒子は破砕せずにナノ粒子分散系を得る手法として、アジテーターの回転数を低く抑え、図3-8右側に示したビーズ間のせん断力で微粒化するタイプのミルも出現しています。ビーズミルの構造は複雑ですが、到

達分散度や分散効率、生産量に関する自由度などの点で優れています。

❸ナノ分散対応分散機

　一般的な塗料の製造には用いられませんが、顔料の分散粒子径を数十nm程度にできる分散機が多数出現しています。基本的には、直径0.3〜0.01mmという非常に小さなビーズを使用するビーズミルなのですが、ビーズにモーターの運動エネルギーを伝えるアクセラレーターや、セパレーターに工夫がなされています。詳細は他書[12]、[13]、[22]を参照してください。

図 3-7 | 縦型密閉式メディアミル[30]とその構造

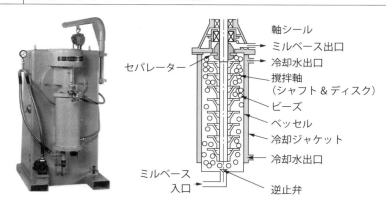

図 3-8 | ビーズミルの分散メカニズム

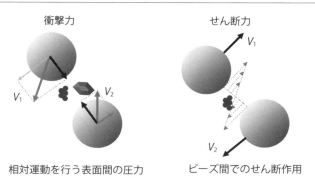

> **要点 / ノート**
> ビーズミルはベッセル内のビーズに運動エネルギーを与え、衝撃力やせん断力で顔料凝集体を解砕します。到達分散度、生産量の自由度に優れています。

【1】 塗料の製造工程を知ろう

パス分散と循環分散

❶パス分散

　ビーズミルやコロイドミルなど、ミルベースがポンプなどにより分散機内に流入、流出する方式（連続方式）の分散機で、**図3-9**（a）のように前混合タンクから分散機内に送り込まれ、流出したミルベースを別のタンク（受けタンク）で受ける方式をパス分散と呼びます。1パスして分散度が不足であれば、受けタンクを前混合タンクの場所に移動させて、2パス、3パスとパス回数を増やします。同図では分散機を1台だけ示していますが、複数の分散機を直列に連結し、前方の分散機を粗分散、後方を仕上げ分散に適した機種や運転条件にするような工夫も行われています。

　一般に、ミルベースの分散機内の滞留時間が長い程、分散度は高くなりますが、分散機の種類によっては、分散機内の位置によって分散エネルギーに偏りがあり、分散力の乏しい個所が存在する場合があります。例えば、ビーズミルでは、シャフト付近とアジテーターディスクの外周付近とでは、ビーズの運動エネルギーが大きく異なります。パス分散では、ミルベースの流量を絞って滞留時間を長く取っても、このような部分を伝わってくる粒子が一定の割合で存在するので、平均粒子径は目標に到達していても、粗粒が残存して、分散工程が終了しない場合があります。配合や粒子の表面性質などの理由で、分散性が不良の場合に、特にこの傾向は顕著です。

❷循環分散

　図3-9（b）に示すように、タンクで前混合され、分散機を通って出てきたミルベースは、再度、元のタンク（ホールディングタンクと呼ばれる）に戻されます。タンクは常に撹拌されており、ミルベースは何回もタンクと分散機を循環します。単位時間当たりのミルベースの流量は、パス分散方式に比べるとかなり多量にするため、大流量循環分散方式と呼ばれることもあります。

　ミルベースの分散機内滞留時間がパス分散方式と同一であっても、分散機を何回も通過するので、分散力の乏しい個所だけを通過するということが生じ難くなり、粗粒が早く減少します。また、粒度分布がシャープになるという特徴があります。

126

ビーズミルの場合、循環分散方式にはベッセルの長さ（L）に対するベッセルの径（D）の比（L/D）が、パス分散方式よりも小さい機種を使用します。これはミルベースを大流量で循環させると、ビーズが出口近くに偏在して、分散効率の低下、シャフトのロック、ビーズセパレーターの詰まりなどの不具合が発生するためです。

❸使い分け

パス分散方式は水性系での無機粒子の分散のように、分散が比較的容易で短時間に分散が可能な場合に適しており、循環分散方式は比較的分散が難しく、長時間の分散が必要な場合に適しています。

❹バッチ分散

ボールミルやビーズミルの一種であるバスケットミルなど、分散装置にミルベースを全量投入する分散方式です。

図 3-9　パス分散と循環分散

（a）パス分散

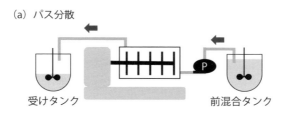

（b）循環分散

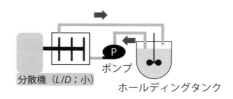

> **要点ノート**
> 連続方式の顔料分散機の使い方には、パス分散と循環分散があります。比較的分散が簡単な顔料の場合には前者が、分散しにくい顔料の場合には後者が適しています。

《1 塗料の製造工程を知ろう

溶解工程

　溶解工程は、顔料分散の終了したミルベース（顔料分散ペースト）に、樹脂ワニスや硬化剤、添加剤、溶剤などを混合して塗料に仕上げる工程です。

　混合する成分と顔料分散ペーストの、（主に樹脂の）濃度差が大きいと、次のような機構で、フロキュレートや凝集ブツが発生することがあり、「溶解ショック」と呼ばれます。

❶高濃度のものを混合する場合

　図3-10の左側は、樹脂濃度の希薄なミルベースを、濃厚な樹脂ワニスに投入した直後の状態を示しています。濃度差を解消するために、ミルベースの溶剤や顔料は樹脂ワニスへ、樹脂ワニスの樹脂分子はミルベースへ向かって移動しますが、溶剤分子は小さいので、樹脂分子や顔料に比べると非常に速く移動します。結果的に、同図右側のように、ミルベースの溶剤は樹脂ワニスに吸い込まれ、「逃げ遅れた」粒子は1カ所に押し込まれて凝集してしまいブツとなります。

❷希薄なものを混合する場合

　溶剤の混合のような操作に該当します。顔料に対する分散剤の吸着は平衡反応で、ビヒクル中の顔料に吸着していない分散剤の量と、吸着している量の関係は、図3-11のような「吸着等温線」で示されます。例えば、2つの分散剤Aと分散剤Bの吸着等温線が、それぞれ図3-11の実線と破線であったとします。ミルベース中の濃度C_mでは、どちらの分散剤を使用したミルベースも、これ以下では「分散安定性」が維持できない限界の吸着量Γ_cよりも、吸着量が多いので分散安定性は確保されます。設計濃度C_dまで希釈しても、やはり吸着量はΓ_c以上なので、分散は安定なはずです。ただし、大スケールで取り扱う工場では、ミルベースの入ったタンクに、多量の溶剤を一気に投入し、全量を投入し終わった後に、所定の場所で撹拌機に掛けるというような作業が行われます。この時、タンク内では局所的に多量の溶剤が存在し、濃度がC_lまで低下する場合があります。分散剤が分散剤Aであれば、依然として吸着量はΓ_c以上なので、何事も生じませんが、分散剤Bであれば、吸着量はΓ_c以下となり、凝集が生じてしまいます。凝集の程度により、フロキュレート形成に

128

よる流動性の低下や「凝集ブツ」の発生を招きます。
❸混合時の凝集対策
　基本的には、ミルベースを撹拌しながら、混合したいものを徐々に加えます。ただし、生産工程を考えると、あらかじめ混合タンクに樹脂ワニスなどのミルベースに混合すべきもの（溶解ビヒクル）を秤取しておき、このタンクでミルベースを受けて、所定量のミルベースが入った後に撹拌機に掛ければ、1つのタンクで済み合理的です。

　生産工場では後者の方法を選択したくなるのですが、なるべくミルベースとの濃度差が小さくなるようにするべきです。また、ミルベースを撹拌しながら、溶解ビヒクルを徐々に加えるのが理想的です。

| 図 3-10 | 濃厚樹脂溶液でミルベースを希釈した際の凝集メカニズム |

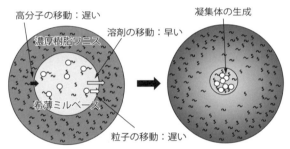

| 図 3-11 | ミルベースの溶剤希釈に伴う分散剤の吸着量変化と分散安定性 |

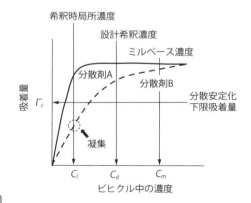

> 要点 ノート
> 溶解工程では、ミルベースと溶解ビヒクルの濃度差をできるだけ小さくし、ミルベースを撹拌しながら徐々に溶解ビヒクルを加えるのが理想的です。

【1 塗料の製造工程を知ろう

調色作業と原色

❶塗料の調色

　塗料の色は、単一の顔料だけで作られるのではなく、色相の異なる複数の顔料を混合して所定の色相に調整されます。この作業を「調色」と呼びます。顔料は粉体のまま混合はできないので、分散液の状態で用いられます。調色作業に用いる顔料分散液は「原色」と呼ばれ、基本的に1種類の着色顔料を含み、色相に影響しない体質顔料を含む場合もあります。一般的には、1つの塗料品種に対して10〜20色程度の原色が設定されますが、塗装にも高度なデザイン性が要求される一部の「工業塗装」では、原色数が50を超えることもあります。

❷原色の形態

　単一種類の着色顔料を含むのは共通ですが、ビヒクル成分や使用方法の違いによって、「専用原色」と「共通原色」があります。**表3-2**に各種調色方法を示します。

　塗料の品種ごとの違いは、主にバインダー樹脂の違いです。原色を塗料ビヒクルと混合する時には、塗料ビヒクル中のバインダー成分と原色中の分散剤が相溶し、耐候性、耐水性、密着性などの塗料性能に悪影響を及ぼさないことが必要です。

　このため、個々の塗料ビヒクルに対して専用の分散剤や溶剤、溶解ショック防止用のバインダー樹脂を配合した原色が専用原色です。ただし、専用原色を全ての塗料品種に対して個々に設定すると、製造工数や保管費用が膨大になり実用的ではありません。

　①の方法で使用される原色は、顔料分散と溶解工程が終了した塗料です。調色された塗料は、原色がそれぞれ所定量の硬化剤を含んでいますので、粘度調整をするだけで塗装することができます。ただし、原色が含むバインダー樹脂や硬化剤からなる塗料系専用の原色となります。

　②の方法で使用される原色は、顔料と分散剤、溶解ショックを防止するバインダー樹脂よりなる分散ペーストです、添加されるバインダー樹脂は、原色が対象とする塗料群に必要な性能を備えています。硬化成分が含まれないので分

第3章 塗料を作る

表 3-2 | いろいろな調色方法

	調色の方法	特徴
①	専用原色 原色塗料（そのままでも硬化する）を混合	・分散工程終了後、溶解工程を経る ・塗料状態で保管 ・塗料製造工場と調色場所の分離が可能 ・工業用途用 など
②	半専用原色 原色ペースト（そのままでは硬化しない）を混合	・原色ペーストがバインダー樹脂（の一部）を含む ・原色ペースト状態で保管 ・塗料製造工場で調色 ・溶解ショックが起こり難い ・溶解ビヒクルの選択で塗料性能の調整が可能 ・工業用塗料、自動車補修用塗料 など
③	目標色の近似色となるよう、複数の顔料を同時分散。共通原色で色相を微調整	・製造コストが安価 ・重防食塗料、床用塗料など
④	白色塗料（二酸化チタンと体質顔料を含む）を製造・販売。共通原色で調色	・塗料製造工場と調色場所の分離が可能 ・現場調色、小口調色、缶内調色が可能 ・建築用塗料など

散ペーストだけでは硬化塗膜になりません。調色時に塗料性能確保のためのバインダー樹脂や硬化剤、光輝顔料や添加剤を加えて塗料にします。原色に含まれるバインダー樹脂の性能に束縛されますが、溶解時に加えるバインダー樹脂や硬化剤で、ある程度の塗膜物性、塗装作業性の調製が可能です。性能が似た塗料群に使用が限定されますので、半専用原色と言えます。

共通原色というのは、相溶範囲の広い顔料分散剤（量も必要最小限）と顔料、溶剤のみを構成成分とする顔料分散ペーストです。消泡剤、沈降防止剤などを含む場合もあります。表3-2の③、④の調色で使用され、適用される塗料系もバインダーシステムも多岐にわたります。④の缶内調色とは、白色塗料が充填された塗料缶に、CCM（コンピューター・カラー・マッチング）装置などで示された量の原色を添加し、缶を振盪して内容物を混合すると、目的とする色相になるという調色方法です。原色と白色塗料の厳密な「分散度（着色力）管理」が必要です。また、原色と塗料の濃度差が大きいと、溶解ショックを起こすことがあります。

要点 ノート

塗料の調色に使用される原色には、特定の塗料にだけ使用される専用原色と、広範囲の塗料系に使用される共通原色があります。

【1 塗料の製造工程を知ろう

作業環境の安全確保

　塗料設計に伴う実験や、塗料製造工場での諸作業では、有機溶剤などの危険・有害物質を扱います。労働安全衛生法（安衛法）、毒物及び劇物取締法、消防法などの法令を遵守し、安全に実験や作業を進める必要があります。ここでは、確認するべき法令や別表などを示しているので、インターネットなどで確認してください。

❶化学物質の取り扱い

　安衛法の有機溶剤中毒予防規則（有機則）で指定されている有機溶剤（労働安全衛生法施行令別表第6の2に記載）や、特定化学物質障害予防規則（特化則）で指定されている化学物質（労働安全衛生法施行令別表第3に記載）を取り扱う時は、該当する法令に従い、定められた換気設備や保護具を使用し、作業主任者を選任した上で、決められた作業方法で作業を行う必要があります。また、作業環境の測定や、定期健診の受診も必要です。それ以外の化学物質も含め、SDSを入手し、表示された注意事項に沿って、局所排気や保護具を着用することが重要です。

　有機則に該当する有機溶剤を使用する場所には、有機溶剤の人体に及ぼす作用、取り扱い上の注意事項、中毒が発生した時の応急処置を表示する必要があります。また特化則該当化学物質については、個々の化学物質についての標示が必要となります。

　消防法では危険物が、第1類〜第6類に分類されています。一般的な塗料原料の中では、有機溶剤や樹脂ワニスが第4類（引火性液体）に、アルミフレーク顔料が第2類（可燃性固体）に該当します。第4類は、さらに**表3-3**のように分類されます。表に示した指定数量以上の取り扱いや保管は、届出をして許可を得た製造所・貯蔵所・取扱い所以外では禁止されています。また、該当する資格を持つ危険物取扱者による監督が必要です。指定数量未満でも自治体の条例に従う必要があります。

❷化学物質の保管

　場所を定めて保管し、名称を表示するとともに労安法施行令別表第9に掲載の化学物質についてはラベル表示（P.110）も必要です。有機則対象有機溶剤

第3章 塗料を作る

は、第一種（赤）、第二種（黄）、第三種（青）の色分け表示が必要です。

　毒物及び劇物取締法の毒物（法　別表1）や劇物（法　別表2）に該当する場合は、それぞれ、赤地に白色で「医薬用外毒物」、白地に赤色で「医薬用外劇物」の標示を行い、鍵を掛けて保管するとともに、保管・使用数量の記録をする必要があります。

　消防法上の危険物を保管する場合は「危険物倉庫」が必要です。危険物倉庫とは、一般的な倉庫や物置とは違い、危険物を保管するための規定を満たした倉庫のことです。

表 3-3 消防法危険物第 4 類の分類と指定数量、具体例

品名	引火点	性質	指定数量	具体例
特殊引火物	−20℃以下		50L	ジエチルエーテル、酸化プロピレン
第1石油類	21℃未満	非水溶性	200L	ガソリン、トルエン、メチルエチルケトン、酢酸エチル
		水溶性	400L	アセトン
アルコール類	11〜23℃程度		400L	メチルアルコール、エチルアルコール、n-プロピルアルコール、i-プロピルアルコール
第2石油類	21〜70℃未満	非水溶性	1,000L	ミネラルスピリット、酢酸ブチル、シクロヘキサノン、キシレン、プロピレングリコールモノメチルエーテルアセテート、テレピン油
		水溶性	2,000L	プロピレングリコールモノメチルエーテル、エチレングリコールモノブチルエーテル、酢酸
第3石油類	70〜200℃未満	非水溶性	2,000L	ジプロピレングリコールモノブチルエーテル、ジエチレングリコールモノブチルエーテルアセテート
		水溶性	4,000L	ジプロピレングリコールモノメチルエーテル、ジエチレングリコールモノエチルエーテル
第4石油類	200〜250℃未満		6,000L	可塑剤（フタル酸ジブチル、フタル酸ジオクチル、など）
動植物油類	250℃未満		10,000L	アマニ油、ヒマシ油、ヤシ油

要点 ノート

危険・有害物質を使用・保管する場合には、安衛法、毒物及び劇物取締法、消防法を遵守する必要があります。

133

【2 塗料の評価をしよう

粘度を測ろう

　塗料の粘度測定方法として、JIS K5600-2-2にフローカップ法、ガードナー形泡粘度計法、ストーマー粘度計法が規定されており、また、JIS K5600-2-3にはコーン・プレート粘度計法が規定されています。

❶フローカップ法

　図3-12のようなカップを用いて、エアスプレー前の希釈塗料のように、比較的低粘度の塗料の測定に用います。測定では、底面のオリフィスの口に指を置いて、カップを塗料で満たします。指を離して塗料を流下させ、塗料が途切れるまでの時間をストップウォッチで測定します。測定値の単位は秒です。オリフィスの口径は3, 4, 5, 6 mmのものがJISに示されており、それぞれ測定範囲の動粘度（単位はcSt）は、7-42, 34-135, 91-326, 188-684とされています。

❷ガードナー形泡粘度計法

　粘度管と呼ばれるガラスチューブ内に試料を封入し、泡の上昇速度を標準粘度管と比較し、同速度の標準管の動粘度を試料の測定値とします。樹脂ワニスやクリアー塗料の動粘度を迅速に測定できます。標準粘度管には記号が付いており、動粘度の低い方からA～Zまでのアルファベット28文字で表示されています。さらに、Aより低いものがA5～A1の5種類、Zより高いものがZ1～Z10の10種類あり、全部で43種類の標準管があります。測定値は「動粘度Y」のように示されます（P. 30）。

❸ストーマー粘度計法

　図3-13のような外観のストーマー粘度計を用い、比較的粘性の大きな非ニュートン流動の塗料に適用します。試料を容器に入れ、回転翼を自由落下する分銅の力で回転させ、100回転するのに要した時間（30秒前後になるように分銅の重さを調整します）と分銅の重さから、換算表を用いて動粘度を求めます。測定値はクレブスユニット（KU）で示されます。図3-13は手動式ですが、デジタル表示で自動式の粘度計が上市されています。

❹コーン・プレート粘度計法

　コーン・プレート粘度計というタイトルにはなっていますが、JIS K5600-2-3には、同心円円筒型（共軸円筒型）の粘度計も使用できることになってい

ます。また、せん断速度（ずり速度）が5,000〜20,000 s^{-1}となっており、かなりの高せん断速度領域での測定となります。測定値には測定した際のせん断速度も併せて報告します。JISには、「ハケ塗り塗装時のハケ捌きに関する情報を提供する」とありますが、このせん断速度域はスプレー塗装にも相当します。

図 3-12 ｜ フローカップ

(a) 底面

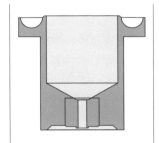
(b) 断面図

(c) フローカップと架台

図 3-13 ｜ ストーマー粘度計 [32]

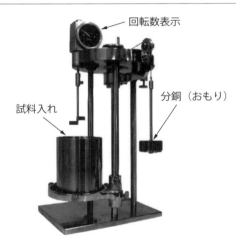

要点｜ノート

JISで規定されている塗料粘度の測定法には、フローカップ法、ガードナー形泡粘度計法、ストーマー粘度計法、コーン・プレート粘度計法があります。

〖2 塗料の評価をしよう

塗料の粘度って何?

❶そもそも粘度とは

図3-14のように厚さdの流体を面積Aの何枚もの平面で構成されていると考えます。最表面に力Fを掛けて速度vで流動させると、底面は静止しているので、流体の厚さ方向に速度勾配（v/d）が生じます。この速度勾配のことをせん断速度γと呼びます。粘度ηは、せん断速度γで流動させるために必要な単位面積当たりの力（せん断応力，$F/A=\sigma$）とγの比です。

したがって、粘度とは「流体の動き難さを示す指標」と考えることができます。

❷塗料の粘度

顔料の分散安定化が不十分であったり、エマルション樹脂のような分散型樹脂に増粘剤を配合した塗料では、図3-15に示すように、粒子成分が比較的弱い力で凝集して「網目構造（フロキュレート）」を形成します。フロキュレートが形成された塗料の流動を図3-14に従って考えると、流動させるには、フロキュレートを壊す分の余分な力が必要です。粘度は、余分な力が必要な分、大きくなり、図3-15の写真に示すような流動性の違いが生じます。

❸粘度のせん断速度依存性

遅い流動では（γ低）、フロキュレートは壊れてもすぐ回復するので、常にフロキュレートを壊しながら流動させる必要があり、粘度は高くなります。一方、早い流動では、フロキュレートの回復が流動による変形に追い付かないので、粘度は低くなります（図3-16破線）。このような流動挙動を「擬塑性流動」と呼びます。また、粒子濃度が最密充填状態に近いと、粒子同士がお互いの場所を入れ替わらないと流動できないので、せん断速度が大きくなる程、粘度が高くなります（図3-16一点鎖線）。このような流動挙動を「ダイラタント流動」と呼びます。樹脂ワニスや溶剤の粘度はせん断速度に依存せず、「ニュートニアン流動」と呼ばれます。せん断速度と粘度の関係を示す曲線を、「流動曲線」と呼びます。詳細については他書[12]、[34]を参照ください。

第 3 章 塗料を作る

図 3-14 粘度とは

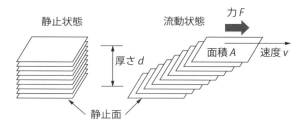

せん断応力 $\sigma = F/A$, せん断速度 $\gamma = v/d$, 粘度 $\eta = \sigma/\gamma$

図 3-15 フロキュレートの形成と塗料の流動性 [33]

(a) フロキュレートあり　　(b) フロキュレート無

図 3-16 いろいろな流動曲線

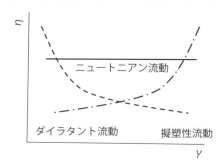

要点 ノート

塗料の粘度は、顔料や分散型樹脂の粒子によるフロキュレートの形成があると、せん断速度に依存するようになります。

〔2 塗料の評価をしよう

顔料分散度を評価しよう

❶ JIS記載の顔料分散度評価法

　粒ゲージを用いる方法で、JIS K5600-2-5に記載されています。図3-17[35]に粒ゲージとスクレーパー、その代表的な寸法と使用方法を示します。粒ゲージには傾斜のある溝が設けてあり、一定間隔で溝の深さがミクロン単位で示されています。図のように、スクレーパーで顔料分散ペーストや塗料をすり付けると、溝の深さより大きな顔料粒子は頭を出し、図3-18[35]に示すような斑点を溝の上に形成します。この斑点が始まる溝の深さを、以下のJIS記載の方法で溝横に付された目盛りから読み取ります。

①顕著な斑点が現れ始める点を観察

②溝に沿って3mm幅の帯に5～10個の粒子を含む点を観察（顕著な斑点が現れ始める点の前に，まばらに現れる斑点は無視）

③表3-4に示す間隔で、帯の上限に最も近い位置を推定

　顔料を含め粒子分散系では粒子径分布がありますが、粒ゲージ法では最大粒子径しか計測できず、平均粒子径に関する情報は得られません。

❷ 粒子径の計測による顔料分散度の評価

　沈降速度法、動的光散乱法（光子相関法）、光回折・静的光散乱法などの測定原理に基づく粒子径および粒子径分布の計測装置が市販されています。測定法の原理や分散度評価に使用する際の注意点は他の書籍[12]を参照してください。粒ゲージが顔料分散ペーストや塗料をそのまま測定するのに対し、これらの方法では溶剤などで希釈する必要があり、希釈によって分散度は変化しやすいので注意が必要です。

❸ 光沢値による顔料分散度の評価

　顔料分散ペーストや塗料をガラス板などの平滑な表面に塗布、乾燥させると、図2-15のように顔料の分散状態によって光沢値に差が出ます。光沢値は○○μmというような粒子径そのものではありませんが、分散状態の評価尺度として利用できます。この方法は、粒子や高分子などの種類と配合量が、ほぼ一定である必要はありますが、希釈無しで分散度を定量化できます。また、塗布時に大きな「せん断速度」を掛けることで、図2-15dのようなフロキュレー

トの影響は軽減できます。

図 3-17 | 粒ゲージ [35)] (サイズは JIS K5600-2-5 に準拠)

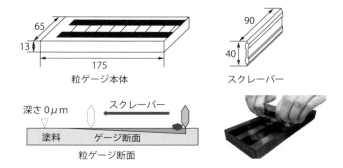

図 3-18 | 粒ゲージの読み取り

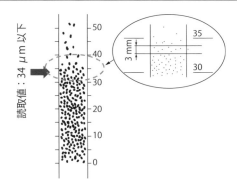

表 3-4 | 粒ゲージごとの最小読み取り間隔（JIS K5600-2-5）

ゲージ（μm）	読み取り間隔（μm）
100	5
50	2
25	1
15	0.5

要点 ノート

顔料分散度の評価方法として JIS にあるのは、粒ゲージを用いる方法です。一般的な粒子径計測装置を用いる場合には、希釈に伴う分散度変化に注意が必要です。光沢値は分散度の指標になります。

【2 塗料の評価をしよう

塗膜物性と長期耐久性の評価

　JIS記載の塗膜物性と長期耐久性の各種評価法を**表3-5**に示します。最近では、種々の測定装置が開発されており、特にライン物の工業塗装では、塗料ユーザーごとに独自のスペックを定めているところも多いようですが、JIS規格が基本となります。

❶塗膜の視覚特性

　JISは分光光度計もしくは3刺激値直読タイプの反射率計を用いた色の測定方法と鏡面光沢度計を用いた鏡面光沢度の測定方法を規定しています。

❷塗膜の機械的性質

　耐屈曲性、引っかき硬度（鉛筆硬度）、クロスカット付着性などの実用性能に即した評価方法となっています。塗料設計では、引張試験機や動的粘弾性試験機などによる、抗張力、ヤング率、降伏応力、破断伸び、貯蔵弾性率と損失弾性率などの測定結果を加味すると、より精度の高い設計が可能です。

❸塗膜の化学的性質

　耐溶剤性、耐薬品性などに関する評価方法です。

❹塗膜の長期耐久性

　耐候性、耐光性、耐腐食性（防食性）に関する評価方法です。促進耐候性の評価方法で旧JISのK5400ではサンシャインウェザーメーター（カーボンアーク）の使用が規定されていましたが、太陽光と波長分布が異なり、実際の屋外暴露と合わないことが多く、現在のJIS K5600ではキセノンランプ法と紫外線蛍光ランプ法が規定されています。またJISにはなっていませんが、メタルハライドランプや過酸化水素水[37]、リモートプラズマなどを用いて、より促進率を向上させる試み[38]がなされています。

第3章 塗料を作る

表 3-5 塗膜の物性、耐久性の評価法に関する JIS（塗料一般試験方法より抜粋）

番 号	分 類	名 称
JIS K 5600-4-1	塗膜の視覚特性	隠ぺい力
JIS K 5600-4-3		色の目視比較
JIS K 5600-4-4～6		測色
JIS K 5600-4-7		鏡面光沢度
JIS K 5600-5-1	塗膜の機械的性質	耐屈曲性（円筒形マンドレル法）
JIS K 5600-5-2		耐カッピング性
JIS K 5600-5-3		耐おもり落下性
JIS K 5600-5-4		引っかき硬度（鉛筆法）
JIS K 5600-5-5		引っかき硬度（荷重針法）
JIS K 5600-5-6		付着性（クロスカット法）
JIS K 5600-5-7		付着性（プルオフ法）
JIS K 5600-5-8		耐摩耗性（研磨紙法）
JIS K 5600-5-9		耐摩耗性（摩耗輪法）
JIS K 5600-5-10		耐摩耗性（試験片往復法）
JIS K 5600-5-11		耐洗浄性
JIS K 5600-6-1	塗膜の化学的性質	耐液体性（一般的方法）
JIS K 5600-6-2		耐液体性（水浸せき法）
JIS K 5600-6-3		耐加熱性
JIS K 5600-7-1	塗膜の長期耐久性	耐中性塩水噴霧性
JIS K 5600-7-2		耐湿性（連続結露法）
JIS K 5600-7-3		耐湿性（不連続結露法）
JIS K 5600-7-4		耐湿潤冷熱繰返し性
JIS K 5600-7-6		屋外暴露耐候性
JIS K 5600-7-7		促進耐候性及び促進耐光性（キセノンランプ法）
JIS K 5600-7-8		促進耐候性（紫外線蛍光ランプ法）
JIS K 5600-7-9		サイクル腐食試験方法－塩水噴霧／乾燥／湿潤

要点 ノート

塗膜物性と長期耐久性の評価方法として、多くの JIS 規格があります。これらの評価結果と、新しく開発された評価方法を併用することで、より精度が高くなります。

【3】塗料で生じる不良現象とその対策

顔料沈降と離漿

　ビヒクル中での顔料粒子の運動には、「沈降運動」と「拡散運動（ブラウン運動）」の2種類があります。沈降運動は下方へのみの運動ですが、拡散運動は不特定方向への運動です。拡散運動が沈降運動より優勢になれば、実質的に沈降しません。

❶沈降しなくなる粒子径の目安

　粘度ηのビヒクル中で、粒子径dの粒子が沈降する速度vは次のストークスの式で計算できます。

$$v = \frac{d^2 (\rho - \rho_0) \, g}{18\eta} \qquad ①$$

　ここで、gは重力加速度、ρとρ_0はそれぞれ粒子とビヒクルの比重です。

　拡散運動は不特定方向への移動なので、原点からの移動距離は、時間が倍になっても倍にはなりませんが、平均移動距離は計算可能です。粒子径dの粒子が時間t掛かって移動する平均距離xは次式で表せます。

$$x = \sqrt{2Dt} \qquad ②$$

　Dは拡散係数と呼ばれ、次のアインシュタイン-ストークスの式で表されます。kはボルツマン定数、Tは絶対温度、ηはビヒクルの粘度です。

$$D = \frac{kT}{3\pi\eta d} \qquad ③$$

　表3-6に、比重$\rho_0 = 1$、粘度$\eta = 10$ mPa·sのビヒクル中での、比重$\rho = 4$の球状粒子（二酸化チタンを想定）について、沈降および拡散運動による1秒間の移動距離と、粒子径との関係を比較します。温度は室温です。

　粒子径が小さくなる程、拡散運動は早く、沈降運動は遅くなります。沈降しないためには、沈降より拡散による移動距離が大きくなれば良いので、直径1μm以下というのが目安となります。逆に言えば、これより1次粒子径が大きければ、いくら解凝集して安定性が良くても必ず沈降します。また、分散安定性不良で凝集により粒子径が大きくなっても沈降します。

　沈降を避けるためには、増粘剤などでビヒクルの粘度を大きくします。

142

❷沈降と離漿

図3-19に示すように、フロキュレートによって形成された網目構造が、徐々に締まっていって、網目構造中に収まり切らないビヒクル成分が上部に分離することがあります。この現象は離漿（Syneresis）と呼ばれます。離漿は分散安定化が不十分な場合に生じますが、沈降と異なり、粒子径や比重は直接的には関係ありません。離漿が生じた下部にスパチュラを差し込んでみると、ビヒクルを抱き込んでいるので、ババロアのような状態が観測されます。沈降では沈降層に顔料に吸着している樹脂成分が僅かに存在しているだけですから、沈降層は緻密で、時にはハードケーキと呼ばれる硬い層になります。

表3-6 | 沈降運動と拡散運動による移動距離と粒子径との関係

粒子径	100 μm	10 μm	1 μm	100 nm	10 nm	1 nm
沈降	1.6 mm	16 μm	160 nm	1.6 nm	16 pm	1.6 fm
拡散 (平均移動距離)	29 nm	92 nm	290 nm	920 nm	2.9 μm	9.2 μm

粒子は $\rho = 4$ の真球、ビヒクル相は $\rho_0 = 1$、$\eta = 10$ mPa·s として計算。
単位に注意：mm、μm、nm、pm（ピコメーター）、fm（フェムトメーター）の順に 1/1000 ずつ小さくなる。

図3-19 | 離漿と沈降

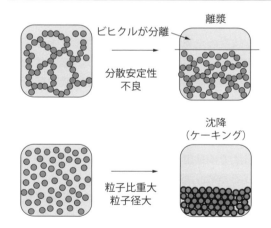

要点 ノート

沈降を防止するためには分散粒子径をおよそ 1 μm 以下にします。フロキュレートが進むと離漿が生じて沈降と混同されがちですが、沈降層の状態が異なります。いずれにしても十分な分散安定化が必要です。

【3 塗料で生じる不良現象とその対策

増　粘

　　顔料分散ペーストや塗料の粘度が貯蔵中に増加することがあります。顔料や分散型バインダー樹脂の粒子間のフロキュレートによる網目構造の形成、バインダー樹脂と硬化剤の反応の進行、容器からの溶剤の蒸発など、様々な増粘の原因が考えられます。

❶増粘現象の解析

　　このような増粘現象の原因を考えるためには、せん断速度を幅広く変化させた粘度測定が必要で、P.134 に示したせん断速度が一点だけの測定では不十分です。例えば、塗料の流動曲線（P.136）が、初期は図3-20に示す実線だったとします。粒子成分の分散安定化が不十分で、フロキュレートが進行した場合には、図3-20の破線のように低せん断速度側での粘度増加が著しく、高せん断速度側では比較的粘度増加が少ないことが一般的です。この場合には、表3-7に示すような点を確認し、分散剤の増量などの対策を取ります。

　　一方、連続相であるビヒクルの粘度が上昇した場合には、図3-20の一点鎖線のように、せん断速度の全領域でほぼ同程度の粘度上昇が観測されます。ビヒクル粘度上昇の原因としては、表3-7のように、貯蔵容器の密閉性が悪く溶剤が蒸発、ビヒクル中に熱硬化性バインダー樹脂／硬化剤が含まれており、貯蔵中に架橋反応が進行、などが考えられます。

　　このように、前者と後者ではメカニズムも対応策も異なりますが、図3-20中の矢印で示したように、せん断速度一点での粘度変化では区別がつきません。異なるせん断速度での粘度測定が必要となります。

❷異なるせん断速度での粘度測定方法

　　回転型粘度計を用いて、回転数（せん断速度）を変えて粘度を測定します。種々の方式のものが市販されていますが、主には図3-21に示す円錐−平板型粘度計（E型粘度計）か、単一円筒型粘度計（B型粘度計）が用いられます。E型粘度計では測定セル内の場所によらず、せん断速度が一定なので、粘度にせん断速度依存性がある塗料や顔料分散ペーストの測定に適しています。

図 3-20 | 粒子分散液の増粘とその原因

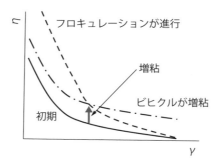

表 3-7 | 増粘のメカニズムと確認事項

流動曲線における増粘の状況	増粘のメカニズム	考えられる原因、確認事項
低せん断速度側の増粘が高せん断速度側より著しい	分散安定性不足で、粒子成分のフロキュレートが進行	・分散剤の顔料（樹脂粒子）への適合性 ・分散剤量 ・分散剤とバインダー樹脂の相溶性 ・分散剤の溶剤への溶解性 ・顔料分散工程で過分散が生じていないか
低せん断速度側も高せん断速度側も比較的同等に増粘	ビヒクル成分の増粘	・バインダー樹脂と硬化剤の反応 ・溶剤量（隙間から揮発していないか）

図 3-21 | 回転粘度計の測定部

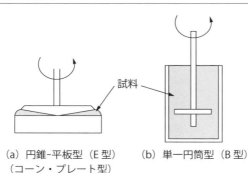

(a) 円錐-平板型（E型）
　　（コーン・プレート型）　　(b) 単一円筒型（B型）

> **要点 ノート**
> 塗料や顔料分散ペーストなどの粒子分散系の粘度変化を解析するには、異なるせん断速度での測定が必須で、この目的には回転粘度計が適しています。

【3 塗料で生じる不良現象とその対策

過分散

❶過分散とは

　分散時の衝撃力が強過ぎて、1次粒子が破砕され、通常の顔料分散工程では見られないような不具合が生じる現象です。

　図3-22に示すように破砕面には活性点が生成したり、結晶格子のひずみが生じたりします。また、破砕面には表面処理がありません。表面処理は元々の表面の性質を変えるために行われますから、1次粒子が破砕されると1つの分散液中に性質の異なる表面が共存することになります。その結果、異常な増粘、凝集ブツの発生、耐久性能の劣化などが生じます。

❷過分散の例1

　図3-23は、アナターゼ型二酸化チタン粒子を、高比重のジルコニアビーズを用いて分散した際の、ビーズミルの周速と分散後の二酸化チタンのX線回折パターンとの関係を示します。周速が$4 \mathrm{~m \cdot s^{-1}}$では、ピーク位置、強度共に、原料粉と同等で結晶性が維持されています。周速が$13 \mathrm{~m \cdot s^{-1}}$ではピーク強度が著しく低下しており、結晶性が失われてアモルファス化しています。また、同時に粒子凝集が生じたことも報告されています[39]。

❸過分散の例2

　図3-24は、分散条件の異なる隠ぺい性赤色顔料の塗膜中の状態を、透過型電子顕微鏡写真で観察したものです[40]。左側の未分散の粉体状態と比べると、①は適性に解砕されているのに対し、②は1次粒子が破砕されています。②の塗料では破砕により表面が活性化されて、凝集による色差が生じたと報告されています。

第 3 章 塗料を作る

図 3-22 | 顔料 1 次粒子の破砕

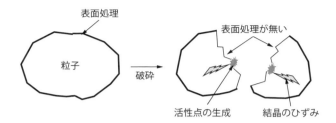

図 3-23 | 二酸化チタン粒子のＸ線回折パターンに対するビーズミル分散時の周速の影響 [39]（13 m·s^{-1} では過分散が生じている）

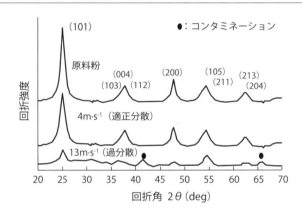

図 3-24 | 隠ぺい性赤顔料の適正分散と過分散状態の透過型電子顕微鏡写真 [40]

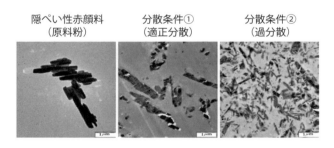

要点 ノート

むやみに大きな周速や高比重ビーズで顔料を分散すると、過分散を生じて異常な増粘や耐久性能の劣化を生じます。顔料の種類や目的の分散度に応じた分散機や運転条件、分散媒体を選択します。

147

【3】塗料で生じる不良現象とその対策

色相変化

　複数の原色を用いて調色した塗料で、色相が貯蔵中に変化したり、ハケ塗りとローラー塗装のように塗装方法が違うと塗膜の色相が異なることがあります。これらの現象は、色のぼり、色分かれ、色浮きなど様々な呼び方がされており、人や会社によっても微妙に指し示す内容が異なります。色相変化のメカニズムも以下に示すように様々です。

❶分散度変化による色相変化

　図3-25は二酸化チタン（白色）原色と、カーボンブラック（CB、黒色）原色を用いて調色し、グレーの塗料を作成したという想定です。各顔料粒子は1次粒子まで分散されているのが理想ですが、現実の工業製品としては凝集体も残存しています。

　図3-25aは調色直後の初期色相（正常色）です。二酸化チタンは表面張力が高く、ぬれが進行しやすいので、bのように貯蔵中に解凝集することがあります。白の表面積が増加するので、塗料の色相は白い方向に変化します。また、一方の顔料が凝集することもあり、凝集した方の顔料の色が弱くなります。この機構による色相変化を防止するためには、顔料を1次粒子まで解砕・分散安定化した原色を用いることです。

❷共凝集による色相変化

　顔料粒子は表面官能基の影響などで、原色中で正または負に帯電することがあります。二酸化チタンは正に、CBは負に帯電しやすい性質を持っています。顔料電荷の符号が異なる原色を用いて調色すると、顔料粒子は静電引力で凝集します。このような異種顔料粒子間の凝集を、「共凝集」もしくは「ヘテロ凝集」と呼びます。図3-25cのように、白色顔料の周りに黒色顔料が共凝集すると、白い面が黒で覆われるので色相は黒くなります。「共凝集」は、塗装時のせん断力により解凝集されますが、せん断力の大きさにより、解凝集の程度は異なります。大きなせん断力が掛かった場合には、図3-25bのように白原色の凝集体まで解凝集されて、初期色相よりも白くなる場合もあれば、弱いせん断力では図3-25dのようにcよりはやや明るいものの、初期色相に比べれば暗くなる場合もあります。顔料分散剤やバインダー樹脂の吸着で顔料表面を

148

しっかりと被覆して、顔料そのものの電荷は異なっても、吸着層を含んだ最表面の電荷は同等にします。

❸顔料の膜厚方向分布による色相変化

空気は非常に極性の低い気体です。このため、空気と接している塗膜表面には極性の低い顔料が集まりやすくなります。二酸化チタンとCBでは、CBの方が圧倒的に極性は低く、図3-25eのように塗膜表面にCBが集まって、塗膜の表面色は正常色よりも黒くなります。この異常現象は、実用的には表面調整剤により解決することが多いのですが、基本的には顔料分散剤やバインダー樹脂の吸着で顔料表面を被覆して、粒子そのものの表面極性は異なっても、吸着層を含んだ最表面の性質は同等にして解決するべきです。

図 3-25 ｜ 顔料の分散・凝集状態と塗膜の色相変化（各状態での背景色は塗膜色のイメージを示す）

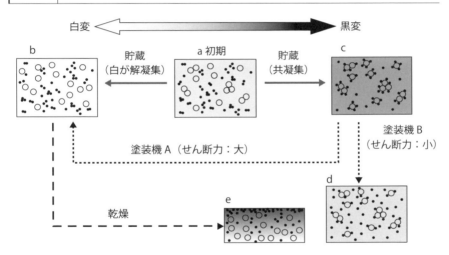

> **要点 ノート**
> 調色塗料の色相変化は、顔料粒子の分散度変化や共凝集、塗装機のせん断力差、極性の低い空気に引き寄せられた低極性顔料の塗膜表面への濃縮などが原因で生じます。

〔3〕 塗料で生じる不良現象とその対策

色むら

❶色むらとは

　塗膜表面に、図3-26に示すような色相のむらによるまだら模様が生じる現象です。「色浮き」、「浮きまだら」、「フローティング」などとも呼ばれます。

❷色むらの生じるメカニズム

　塗装後、溶剤は塗膜表面から蒸発します。塗膜内部の溶剤は、蒸発速度が小さい場合には塗膜中を拡散して表面に到達するのですが、蒸発速度が大きいと、拡散では間に合わないので「対流」が生じます。この対流に顔料粒子が乗って、塗膜中を移動します。鍋を火に掛けて沸騰させ、鰹節を投入すると鰹節の破片が水の対流に乗ってぐるぐると鍋の中を回るのと同じメカニズムです。

　塗膜の厚みに対して、表面積は圧倒的に大きいので、対流の渦は塗膜のいたるところで生じます。塗膜中の対流の1つの単位を「ベナードセル」と呼びます（図3-27）。セル中央部から溶剤の流れに乗って顔料が湧き上がり、セル周縁部から再び塗膜中に戻っていきます。極性の低い空気に引き寄せられて、低極性の顔料が塗膜表面に集まることを前項で説明しました。複数種類の顔料を含む調色塗料では、セル中央部から湧き上がった顔料粒子の中で、有機顔料やカーボンブラックなどの低極性顔料は低極性の空気にトラップされて表面にとどまり、無機顔料のような高極性の顔料は流れに乗って移動を続けます。

　溶剤が少なくなり、塗膜の粘度が高くなると、対流は停止するのですが、塗膜表面は対流の痕跡をとどめ、図3-26のようなまだら模様を呈します。図3-26では低極性顔料が青色の銅フタロシアニンブルー、高極性顔料が白色の二酸化チタンです。ベナードセル中心部は青色、セル周縁部は白色が優勢となって、まだら模様になります。

　また塗膜の膜厚が均一ではなく、勾配がある場合には、勾配の等高線のようにしま模様が形成されることがあります、しま、もしくはシルキングと呼ばれます。

❸色むらを生じさせないためには

　抜本的な対策としては、顔料粒子表面を顔料分散剤やバインダー樹脂を吸着

させて被覆し、吸着層を含めた最表面の極性は、どの顔料粒子も同等となるようにするのですが、実用的には表面調整剤を処方し、乾燥過程で塗膜最表層を表面調製剤が覆うことにより、症状が大幅に緩和されます。また塗装時の対策として、希釈溶剤の量を少なくする、蒸発速度の遅い溶剤を混ぜる、加熱乾燥であれば、乾燥温度を低くすることも効果が期待できます。

図 3-26 ベナードセルによる塗膜表面の色まだら [41]

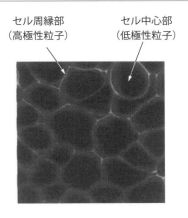

セル周縁部（高極性粒子）
セル中心部（低極性粒子）

図 3-27 ベナードセルと溶剤の渦流動 [42]

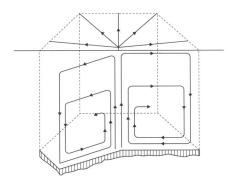

> **要点 ノート**
> 色むらは、溶剤蒸発によるベナードセルの形成と、極性の低い空気が極性の低い顔料を表面にとどめることによって生じます。表面調整剤の添加によって症状は軽減されます。

【3 塗料で生じる不良現象とその対策

異物ハジキ

　水性塗料のプラスチックへの塗装のように、塗料の表面張力が被塗物の表面張力より大きい時には、有限の接触角を示す「付着ぬれ」となり、特に膜厚が薄い時に被塗物表面が露出するハジキ現象についてはP.52で説明しました。このタイプのハジキは「ぬれ障害型」と呼びます[42]。

❶異物ハジキとは

　塗装後、塗膜表面に図3-28のような塗膜が押しのけられたような凹部が生じる現象で、低表面張力物質が異物として塗料に混入していたり、塗装後に外部から飛来して塗膜に付着したりすることにより生じます。凹みが著しいものはハジキ、軽微なものは凹みと呼ばれます。

❷異物ハジキによる塗装欠陥生成のメカニズム

　何らかの原因で、塗料よりも表面張力の低い物質（異物）が付着すると、異物のある場所から離れる方向へ塗料の流れが生じます（図3-29）。この流れを「拡張流（Spreading Flow）」と呼びます。拡張流による塗料の流動が十分であれば、「帰還流（Return Flow）」として中心部へ補充されるので、図3-27のベナードセルが形成されるだけで、凹みは生じません。膜厚が薄い場合には、塗膜表面の抵抗のため帰還流の流れが不十分で、拡張流で周縁部へ移動した塗料が帰還流で補充されないために、周縁部が盛り上がり、異物付近が凹んでしまいます。これが「異物ハジキ」です。

　凹み部中心に原因物質が残留している「有核ハジキ」と、残留していない「無核ハジキ」があります。後者の原因物質は、比較的蒸発しやすい機械油やシリコン油などです。

❸異物ハジキの原因物質

　塗装後に外部から飛来する場合と、塗料に潜在的に含有されている場合があります。前者では塗装ブースに浮遊している機械・装置類の油、プラスチック系のゴミなどがあります。後者では、塗装エアーに含まれる水滴（コンプレッサーのタンク中に溜まった水で、油をエマルション状態で含有）、塗料製造時のコンタミ（ポンプ類の油、配管や容器類への付着物、分散機の軸シール液など）が挙げられます。

❹対策

塗装環境や塗料製造環境を清澄に保ち、低表面張力物質の侵入を防止します。また装置類からの（特に潤滑油類）混入に十分注意します。「ハジキ防止剤」と呼ばれる「表面調整剤」の一種を塗料に添加して、塗料の表面張力を低下させると、ハジキは軽減されます。ただし、今度は、その塗料の塗装後に、低表面張力のミストとなって塗装環境に浮遊することとなり、別の塗料の「ハジキ原因物質」となるので、この手法は極力避けるべきです。

図 3-28 | ハジキ

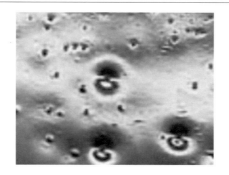

図 3-29 | 異物ハジキのメカニズム

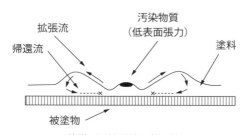

薄膜では拡張流＞帰還流

> **要点 ノート**
> 異物ハジキは、低表面張力の原因物質が、塗料にコンタミとして潜在的に含まれていたり、外部から飛来して発生します。ハジキ防止剤は、新たなハジキ原因となり兼ねないので、極力、添加を回避します。

コラム

● 金属調塗装の進化 ●

　金属調塗装と言えば、アルミフレーク顔料を用いたメタリック塗装が広く実用化されており、自動車や家電製品、スマートフォンやPCの筐体などを彩っています。一般的なアルミフレーク顔料はフレーク径が数10 μm、厚みは薄いものでも0.5 μm、厚いものでは数μmあります。この厚みのためにフレーク端部での光の散乱が生じ、どうしてもザラザラとした粒子感を感じてしまいます。

　デザイン性が要求される工業塗装分野では、より粒子感が少ない、いわゆる「リキッドメタル」と呼ばれる、滑らかな水銀の表面のような外観を示す塗装のニーズがあります。これに応えて、蒸着アルミフレークを用いた塗料が提案され、一部では実用化されています。一般的なアルミフレークとフレーク径は同等ですが、厚みは数十nmで遥かに薄く、このため非常に滑らかなめっき調の外観が得られます。ただし、配向制御は大きな課題です。

　近年、さらに滑らかな金属調外観を示す銀ナノ粒子塗料が開発されています。図のように、粒子径が10 nm前後の銀ナノ粒子が顔料として含まれてます。フレーク状ではありませんが、超微粒子の銀ナノ粒子が凝集して連続膜を形成するために、滑らかな金属調の外観を示します。銀はアルミよりも明度が低いため、クロームめっき調の塗膜となります。

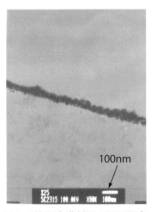

銀ナノ粒子塗膜断面のTEM写真

参考文献・引用文献

1 ）中道敏彦、坪田実：「トコトンやさしい塗料の本」、日刊工業新聞社（2008）

2 ）石塚末豊、中道敏彦：「塗装ハンドブック」、朝倉書店（1996）

3 ）北岡協三：「塗料用合成樹脂入門」、高分子刊行会（1974）

4 ）日本ペイント：「塗料の性格と機能」、日本塗料新聞社（1998）

5 ）佐藤弘三：「概説塗料物性工学」、理工出版社（1973）

6 ）橋本和明　監修、顔料技術研究会　編：「色と顔料の世界」、三共出版（2017）

7 ）伊藤征司郎　総編集：「顔料の事典」、朝倉書店（2000）

8 ）橋詰良樹：「アルミニウム顔料の最近の開発動向」、J. Jpn. Soc. Colour Mater., （色材）、**83**、164-170（2010）

9 ）星野武志：「光干渉系顔料」、J. Jpn. Soc. Colour Mater., （色材）、**84**、246-253（2011）

10）衣笠雅典：「防錆顔料とその作用機構」、J. Jpn. Soc. Colour Mater., （色材）、**54**、460-466（1981）

11）福知稔：「鉛、クロムフリー防錆顔料」、J. Jpn. Soc. Colour Mater., （色材）、**88**、117-120（2015）

12）小林敏勝、福井寛：「きちんと知りたい粒子表面と分散技術」、日刊工業新聞社（2014）

13）小林敏勝：「きちんと知りたい粒子分散液の作り方・使い方」、日刊工業新聞社（2016）

14）小林敏勝：「溶解性パラメーターの基礎と配合設計への応用」、塗装工学、**44**、340-351（2009）

15）小林敏勝：「溶解性パラメーターと表面張力」、J. Jpn. Soc. Colour Mater., （色材）、**90**、324-332（2017）

16）三代澤良明　監修：「水性コーティング材料の開発と応用」、シーエムシー出版（2004）

17）川島健作：「塗料用紫外線吸収剤と光安定剤」、J. Jpn. Soc. Colour Mater., （色材）、**67**、379-392（1994）

18）大和真樹：「光重合開始剤の現状と課題」、日本印刷学会誌、**40**、168-175（2003）

19）松田光司、上島正男：「環境対応型弱溶剤可溶エポキシ樹脂塗料」、塗料の研究、**140**、59-65（2003）

20）山本陽一郎：「プラスティック素材への付着機構に関する研究」、塗料の研究、**143**、8-15（2005）

21）石橋弘毅 編：「溶剤便覧」、槇書店（1967）

22）小林敏勝：「塗料における顔料分散の考え方・進め方」、理工出版（2014）

23）麓泉、小栗恭子、二階堂宏子：「石鹸水溶液中の繊維に対するカーボンブラック粒子の付着と脱着に関する自由エネルギーの役割」、日本家政学会誌、**41**、761-774（1990）

24）S. Wu、K.J.Brozozowski: "Surface Free Energy and Polarity of Organic Pigments"、J. Colloid Interface Sci.、**37**、686-690（1971）

25) A. Astruc、et. al.:"Incorporation of Kaolin Fillers into an Epoxy/Polyamidoamine Matrix for Coatings"、Prog. Org. Coatings、**65**、158（2009）

26) 原茂太、池宮範人、荻野和巳:「溶融Al2O3およびTi2O3の表面張力と密度」、鉄と鋼、**76**、2144-2151（1990）

27) R.H.Pascal、F. L. Reig、Official Digest、**36**、839（1964）

28) T.C.Patton、植木憲二　監訳:「塗料の流動と顔料分散」、共立出版（1971）

29) 北畠道治:「塗料製品に係る化学品管理の動向」、塗料の研究、151,45-53（2009）

30) 浅田鉄工（株）、カタログ

31) （株）井上製作所、カタログ

32) 太佑機材（株）、カタログ

33) 楠本化成（株）、「DISPELON」カタログ

34) 中道敏彦:「よくわかる顔料分散」、日刊工業新聞社（2009）

35) 阿部淑人、白川正登、井関陽一郎、小林豊、木嶋祐太、原司、浅田友之:新潟県工業技術総合研究所工業技術研究報告書、No.36（2007）

36) 佐藤弘三:「概説　塗料物性工学」、理工出版（1973）

37) 舘和幸:「過酸化水素水を用いた塗膜の耐候性試験技術」、J. Jpn. Soc. Colour Mater.,（色材）、**77**、213-220（2004）

38) 渡辺真:「塗膜・プラスチックの促進耐候性試験機と試験方法」、J. Jpn. Soc. Colour Mater.,（色材）、**84**、152-158（2011）

39) 針谷香、石井利博、山際愛、飯岡正勝、橋本和明:「2005年度色材研究発表会講演要旨集20B20（2005）

40) 林由紀子、的場千歳、矢部政実:「透過型電子顕微鏡、走査型電子顕微鏡による塗料、塗膜中の粒子成分の観察」、塗料の研究、147、7-11（2007）

41) Byk社資料

42) 大藪権昭:「コーティング領域の界面制御」、理工出版（1988）

【索引】

数・英

β-ヒドロキシアルキルアミド	89
π-π^*遷移	39
1液焼付塗料	76
1次粒子	34
2液ウレタン樹脂塗料	74
2液常乾型塗料	74
3次元架橋	68
B型粘度計	144
C.I.番号	34
C.I.名	34
E型粘度計	144
GHS	110
HALS	64
HDI	23
High Speed Disperser	118
HSD	118
IPDI	23
MDI	23
MSDS	110
PRTR制度	112
SDS	110、112、132
SMA樹脂	104
SP	50、66
SP値	84
Syneresis	143
TDI	23
UVA	64
UV硬化塗料	78
VOC	85、112
Weak Boundary Layer	90

あ

アクセラレーター	125
アクリル酸エステル	16
アクリル樹脂	16
アゾ顔料	38
アゾレーキ	48
アダクト体	23
アトライター	121
網目構造	60、136
アミン価	30、102
アルキド樹脂	14
アルコキシシリル基	28
アルミフレーク顔料	42、154
泡粘度計	134
泡粘度計法	30
安衛法	108、109、111、132
アンカー	58
アンカー部	100
安全データシート	110
イソシアヌレート体	23
イソシアネート基	22
イソシアネート当量	30
異物ハジキ	62、117、152
色浮き	148、150
色相環	36
色のぽり	148
色むら	150
色分かれ	148
インヒビター	33、47
隠ぺい	96
隠ぺい力	141
浮きまだら	150
漆	114
ウレタン化反応	22
ウレタン結合	22、24
エアスプレー	10
エアレススプレー	10
エクストルーダー	88、121
エステル結合	14
エチルシリケート	47
エポキシ樹脂	18、47、74
エポキシ当量	30
エマルション樹脂	72、86
エマルション樹脂塗料	72
円錐-平板型粘度計	144
オイルフリーポリエステル	14
応力-ひずみ曲線	80

| 屋外暴露耐候性 | 141 |

か

カーテンフロー塗装	10
ガードナー形泡粘度計	134
カーボンブラック	40、48
会合	60
解砕	98、120
界面活性剤	58
界面結合	90
カオリン	44
化管法	110
柿渋	114
架橋剤	12
架橋密度	80、81
拡張ぬれ	53、100
化審法	108
加水分解	14
過分散	146
カラーインデックス番号	34
カラーインデックス名	34
ガラス転移温度	31、80
皮張り防止剤	57
乾性油	70
完全アルキルエーテル化メラミン	20
缶内調色	131
顔料の酸塩基性	102
顔料分散	116
顔料分散剤	56、58
顔料分散度	138
顔料分散の単位過程	98
顔料分散配合	106
顔料誘導体	49、102
機械的解砕	98
共凝集	148
疑似網目構造	24
擬塑性流動	98、136
キナクリドン	38
機能性塗料	9
揮発性有機溶剤含有量	85
吸収	94、96
吸着等温線	128
吸油量	41
凝集エネルギー	50、54

凝集エネルギー密度	51
凝集破壊	44
凝集ブツ	128
強制乳化法	72
共通原色	130
鏡面光沢度	141
強溶剤	84
金属調塗装	154
銀ナノ粒子塗料	154
くし型	105
くし型分散剤	103
クラウン	122
グラフト	28
クリアー塗料	12
クレブスユニット	134
軽質炭酸カルシウム	44
結晶場理論	36
原色	130
懸濁重合	72
現場塗装	10
硬化剤	12、68
硬化阻害	65
光輝顔料	33、42
高固形分塗料	84
高速インペラー型撹拌機	118
高速せん断型撹拌機	118
高耐候性塗料	27
光沢値	96
抗張力	80
工程検査	116
降伏応力	80
降伏点	80
高分子電解質	86
コーン・プレート型	145
コーン・プレート粘度計	134
コロイドミル	121、126
コンタミネーション	120

さ

サイクル腐食試験	141
最低造膜温度 MFT	73
さび止め塗料	18
酸塩基相互作用	58、100、102
酸価	14、30、102

酸化重合	68、70	セパレーター	124
酸化重合機構	70	遷移金属	36
酸化処理	48	せん断応力	136
散乱	94、96	せん断速度	60、136
紫外線吸収剤	57、64	専用原色	130
色相変化	148	相互浸透	90
自己乳化法	72	増粘	144
下塗り塗料	18	増粘剤	45、57、60、86
湿気硬化	24、70	造膜助剤	73、86
漆黒性	41	相溶性	59
シナージスト	49	測色	141
脂肪酸	14	促進耐候性	141
脂肪族ポリアミン	18	疎水性相互作用	54、58、100、104
しま	150	ソフトセグメント	24
弱溶剤	84		
弱溶剤型塗料	84	**た**	
遮断	46	耐液体性	141
重合	12	耐おもり落下性	141
重質炭酸カルシウム	44	耐カッピング性	141
縮合多環系顔料	38	大気汚染防止法	112
循環分散	126	耐屈曲性	141
常乾塗料	70	体質顔料	32、44
焼成カオリン	44	耐湿潤冷熱繰返し性	141
蒸着アルミ	154	耐湿性	141
蒸発速度	92	耐中性塩水噴霧性	141
消泡剤	56、62	耐熱塗料	28
消防法	132	耐摩耗性	141
シラノール基	28	ダイラタント流動	136
シリカ	44	滞留時間	126
シリコーン樹脂	28	大流量循環分散方式	126
シリコン塗料	28	タルク	44
シルキング	150	単一円筒型粘度計	144
ジンクリッチペイント	47	炭酸カルシウム	44
浸漬塗装	10	短油	14
水酸基価	14、30	着色顔料	32
水性塗料	86	着色力	94
水溶性アクリル–メラミン樹脂塗料	86	中油	14、70
スチレン	16	長期耐久性	140
ススチレン–無水マレイン酸共重合体樹		調色	116、130
脂	104	長油	14、70
ストーマー粘度計	134	チョーキング	48
ストラクチャー	40	直鎖型分散剤	102
静電霧化塗装	10	沈降	142
接触角	52	沈降性硫酸バリウム	44

沈降炭酸カルシウム	44
沈降防止剤	45、60
沈バリ	44
粒ゲージ	138
艶消し剤	45、57、97
添加剤	56
展色剤	82
電着塗装	10
動粘度	31
投錨効果	90
特定化学物質	108
特定化学物質障害予防規則	109、132
毒物及び劇物取締法	132
塗着効率	10
特化則	113、132
塗膜物性	140
ドライヤー	15、68
トリアジン	64

な

ナフトールレッド	38
二酸化チタン	36、48
乳化重合	72
ニュートニアン流動	136
ぬれ	58、98、100、104
熱可塑型	70
熱可塑型塗料	68
熱硬化型	70
熱硬化型塗料	68
粘度	30、136
粘度管	134
粘土鉱物	44
粘度標準管	31

は

ハードセグメント	24
パーマネントレッド	38
パール感	33
ハイソリッド塗料	85
白亜化	48
ハケ塗装	10
破砕	98
ハジキ	52、152
ハジキ防止剤	62、153

バスケットミル	127
パス分散	126
バタフライミキサー	118
破断点	80
撥水・撥油	53
撥水・撥油性	26
バッチ分散	127
反応性希釈剤	78
ビーズミル	121、124、126
光安定剤	57、64
光干渉顔料	42
光散乱	36
光重合開始剤	78
ビスフェノールA	18
引っかき硬度	141
被塗物	8
ビヒクル	82
比表面積	34
ビュレット体	23
表面調整剤	56、62、149、151、153
表面張力	52、58、66
貧溶剤	83
ファーネス法	48
フタロシアニン	38
付着性	141
付着ぬれ	100
フッ素樹脂	26
部分アルキルエーテル化メラミン	20
不飽和ポリエステル樹脂塗料	75
不溶性アゾ	38
ブラスト処理	90
プラネタリーミキサー	118
プレミックス	116、118
フローカップ	134
フローティング	150
フローポイント法	106
フロキュレート	60、97、98、107、 128、136、144
ブロッキング	88
ブロックイソシアネート	22、76、89
ブロック高分子	58
分散安定化	98、100、104
分散機	120
分散剤分散	106

分散粒子径	94
分子間力	54
分子量	30
粉体塗料	88
ヘイズ	95
凹み	117、152
ベッセル	124
ヘテロ凝集	148
ベナードセル	62、150
ベンゾトリアゾール	64
ベンゾフェノン	64
防カビ剤	57
膨潤ゲル	61
防錆顔料	33、46
防藻剤	57
防腐剤	57
ホールディングタンク	126
ボールミル	121
補色	36
ポリアミドアミン	74
ポリアミン	19、74
ポリイソシアネート	22
ポリウレタン樹脂	24
ポリエステル樹脂	14
ポリオール樹脂	20、76
ポリオルガノシロキサン	28
ホルムアルデヒド	20

ま

前混合	116、118
前練り	118
水	54
密陀油	114
密着	46、90
ミルベース	116
ミルベース粘度	106
無核ハジキ	152
霧化塗装	10
無機ジンクリッチペイント	47
無機着色顔料	36
メタリック感	33、42
メタリック顔料	42
メラミン樹脂	20、76
モノマー	12

や

ヤング率	80
有核ハジキ	152
有機則	112、132
有機着色顔料	38
有機溶剤中毒予防規則	132
遊星ミル	121
溶解	116
溶解工程	128
溶解ショック	82、117、128
溶解性パラメーター	50、66
溶解力	84
溶剤の役割	92
溶性アゾ	38
ヨウ素価	14、30
溶媒和	58
揺変剤	60

ら

ライン塗装	10
ラジカル重合反応	16
ラッカー	68、70
ラベル	110、112、132
乱層構造	40
リキッドメタル	154
流動曲線	136
良溶剤	82
レーキ化	38
レオロジーコントロール剤	60
劣化要因	8
レットダウン	116
レベリング剤	62
労働安全衛生法	132
ローラー塗装	10
ロールコーター塗装	10
ロールミル	120、122
ロジン	48

わ

ワキ防止剤	62

著者略歴

小林敏勝 （こばやし としかつ）

1980 年	京都大学大学院工学研究科工業化学専攻修士課程 修了
同　年	日本ペイント株式会社 入社
1993 年	京都大学博士（工学）「塗料における顔料分散の研究」
2000 年～	岡山大学大学院自然科学研究科　非常勤講師（2000 年度のみ）
2002 年～	社団法人色材協会理事
2002 ～ 2005 年	色材協会誌編集委員長
2010 年	社団法人色材協会 副会長 関西支部長
2010 年～	東京理科大学理工学部 客員教授
2010 年	日本ペイント株式会社 退職
2011 年	小林分散技研 代表
2014 ～ 2017 年	一般社団法人色材協会 副会長 関西支部長
2018 年～	一般社団法人色材協会 名誉会員 監事

1989 年　色材協会賞 論文賞、1997 年　日本レオロジー 学会賞 技術賞、1998 年　色材協会賞 論文賞、2009 年　大阪工研協会 工業技術賞

主な著書
「きちんと知りたい粒子分散液の作り方・使い方」、日刊工業新聞社
「きちんと知りたい粒子表面と分散技術」、日刊工業新聞社（共著）
「塗料における顔料分散の考え方・進め方」、理工出版

NDC 576.8

わかる！使える！塗料入門
〈基礎知識〉〈設計〉〈製造〉

2018 年 8 月30日　初版 1 刷発行
2020 年10月16日　初版 3 刷発行

定価はカバーに表示してあります。

Ⓒ著者	小林 敏勝	
発行者	井水 治博	
発行所	日刊工業新聞社	〒103-8548 東京都中央区日本橋小網町14番1号
	書籍編集部	電話 03-5644-7490
	販売・管理部	電話 03-5644-7410　FAX 03-5644-7400
	URL	https://pub.nikkan.co.jp/
	e-mail	info@media.nikkan.co.jp
	振替口座	00190-2-186076

| 制　作 | ㈱日刊工業出版プロダクション |
| 印刷・製本 | 新日本印刷㈱ |

2018 Printed in Japan　　落丁・乱丁本はお取り替えいたします。
ISBN　978-4-526-07870-5　C3043
本書の無断複写は、著作権法上の例外を除き、禁じられています。